設計技術シリーズ

電力品質問題と対策／解決法

高調波実践講座

九州電力株式会社
能見 和司 著

科学情報出版株式会社

序　章
第1章　高調波って何？……………………………………………1
　はじめに
　1．高調波のイメージ………………………………………………1
　2．高調波の弊害……………………………………………………6
　3．高調波の発生源…………………………………………………8
　4．高調波対策の考え方……………………………………………10
　5．高調波対策の具体例……………………………………………12
第2章　電力品質の分類と高調波…………………………………15
　1．電力品質とは何か………………………………………………15
　2．停電………………………………………………………………18
　3．周波数……………………………………………………………19
　4．電圧………………………………………………………………21
　5．瞬時電圧低下……………………………………………………22
　6．電圧フリッカ……………………………………………………24
　7．高調波……………………………………………………………25
　8．電圧不平衡………………………………………………………26
　9．まとめ……………………………………………………………26
　　一口コラム………………………………………………………27
　　「無効電力はコレステロール、そのイメージと重要な役割」
第3章　高調波関連の用語と高調波問題の経緯…………………29
　1．高調波の定義と関連用語………………………………………29
　　1－1　高調波の一般的な定義…………………………………29
　　1－2　中間高調波や高周波との違い…………………………31
　　1－3　高調波に関連した用語…………………………………32
　　1－4　高調波成分を含む波形の例……………………………33
　2．高調波問題の経緯………………………………………………34
　　2－1　技術的側面………………………………………………34
　　2－2　社会的影響の側面………………………………………36

I

第4章　高調波の一般的基礎：発生源、影響、回路計算 …………39
1. 高調波の発生源 ………………………………………………………39
2. 高調波の影響 …………………………………………………………42
   - 2−1　高調波電流流入に伴う過電流による熱的障害 …………42
   - 2−2　機器の周波数特性（高調波感度）による誤動作 ………42
   - 2−3　実効値増による効率や寿命の低下、損失の増加 ………43
   - 2−4　波形の歪みによる影響 ………………………………………44
   - 2−5　通信音声への影響 ……………………………………………44
3. 高調波の回路計算 ……………………………………………………45
   - 3−1　高調波回路計算の基本 ………………………………………45
   - 3−2　高調波電圧の形成 ……………………………………………48
   - 3−3　高調波上限規格との関連 ……………………………………48
   - 3−4　回路計算の一例 ………………………………………………48
   - 3−5　直列リアクトルの必要性 ……………………………………50

第5章　電力系統における高調波の実態 ……………………………53
1. 高調波実態調査の目的と意義 ………………………………………53
2. 高調波電圧歪み率の実態 ……………………………………………54
   - 2−1　測定条件 ………………………………………………………54
     - （1）測定箇所 ……………………………………………………54
     - （2）測定期間、インターバル …………………………………56
     - （3）測定要素 ……………………………………………………56
     - （4）測定機器 ……………………………………………………56
     - （5）測定結果分析方法 …………………………………………56
   - 2−2　一般的傾向 ……………………………………………………58
   - 2−3　（参考）過去の実測例 ………………………………………60
   - 2−4　一般的傾向の分析（その1）：第5次調波が支配的な理由
 ……………………………………………………………………60
   - 2−5　一般的傾向の分析（その2）：テレビ視聴率との相関 ……61
3. 年度推移（トレンド）…………………………………………………64
   - 3−1　概要 ……………………………………………………………64

  3－2 全体的傾向……………………………………………64
4．年度推移の詳細分析………………………………………………69
  4－1 電協研報告による「将来予測」…………………………69
  4－2 「将来予測」と実測結果の比較 …………………………71
  4－3 高調波抑制対策ガイドラインの効果………………………73
5．年度推移（トレンド）まとめ………………………………………74
6．季節で大きく異なる電力需要………………………………………76
7．季節別高調波電圧歪み率の実測結果………………………………76
  7－1 測定の目的……………………………………………76
  7－2 測定条件………………………………………………77
   （1）測定箇所……………………………………………………79
   （2）測定期間、インターバル …………………………………79
   （3）測定要素……………………………………………………79
   （4）測定機器……………………………………………………79
   （5）測定結果分析方法…………………………………………79
  7－3 測定結果………………………………………………80
8．電力需要と高調波電圧歪み率の関係………………………………80
  8－1 一般的傾向……………………………………………80
  8－2 ロンドンとドイツの例（IEC/SC77A/WG1における議論）83
9．季節別測定結果の分析………………………………………………84
10．障害実態調査結果…………………………………………………85
  10－1 全体的傾向 …………………………………………85
  10－2 障害の内訳 …………………………………………86
  10－3 障害の具体事例 ……………………………………88
11．障害実態調査結果の分析…………………………………………89
  11－1 高調波電圧歪み率年度推移との関連………………89
  11－2 調相設備のJIS規格改定の影響 ……………………91
  11－3 一般的に考えられる高調波による影響との関連………94
12．現状の認識と今後の展望…………………………………………96

第6章　諸外国における高調波の実態と考察……99
- 1．諸外国の実態に関する情報源について……99
- 2．高調波における「両立性レベル」について……100
- 3．欧州電力系統における高調波の実態と日本との比較による考察……103
  - 3－1　欧州電力系統における高調波の実態……103
  - 3－2　日本との比較による考察……104
  - 3－3　対策コスト負担の考え方……106
- 4．欧州における高調波問題の歴史的経緯……109
  - 4－1　1960年頃以前の状況……109
  - 4－2　1960年頃～1975年の状況……109
  - 4－3　1975年～1982年の状況……111
  - 4－4　1982年～1995年の状況……112
  - 4－5　1995年以降の状況……115
- 5．米国における高調波の実態……117
  - 5－1　米国の電力会社について……117
  - 5－2　高調波への対応状況……117
  - 5－3　IEEE 519について……118
- 6．アジア諸国における高調波の実態……119
  - 6－1　AESIEAPの電力品質小委員会について……119
  - 6－2　AESIEAPレポートの概要……120
  - 6－3　日本との比較による考察……123
- 7．諸外国における高調波の実態と考察のまとめ……126

第7章　日米欧の配電ネットワーク構成とリファレンスインピーダンス……129
- 1．日米欧の配電ネットワーク構成の比較……129
  - 1－1　欧州タイプと米国タイプ……129
  - 1－2　カナダの配電ネットワーク……134
  - 1－3　日本の配電ネットワーク……134
- 2．リファレンスインピーダンス……135
  - 2－1　日本のリファレンスインピーダンス調査結果……135

2－2　各地域のリファレンスインピーダンス ……………138
第8章　実践講座のまとめ ……………………………………141
　1．日本の高調波抑制対策関連規格 ……………………………141
　　1－1　経緯 ………………………………………………142
　　1－2　2種類の規格の適用範囲 …………………………143
　　1－3　家電・汎用品高調波抑制
　　　　　対策ガイドライン（現JIS C 61000-3-2） ……………145
　　1－4　高圧または特別高圧で受電する需要家の高調波抑制
　　　　　対策ガイドライン（特定需要家高調波抑制対策ガイドライン）…148
　2．高調波問題に関する今後の展望 ……………………………149

序　章

　本書では、低周波EMC問題の一つとして、各業界に広く関連のある高調波問題を取り上げて簡明に解説する。

　特色としては、理論的な技術解説に偏らず、日頃機器製造者や使用者にはあまりなじみのない電力系統側からみた高調波の実態との視点で、詳しく解説を進めていきたい。この点で、機器からの高調波電流発生メカニズムや機器側の電源回路面での対策などに重点を置いたものが多い類書や記事と異なる特色を有していることをご理解頂ければ幸いである。

　また、関連規格については、その基本的な考え方などを詳しく説明し、電力会社が定期的に実施している高調波実態調査（系統電圧歪み率および障害事例）結果や、IEC規格・JIS規格・ガイドラインなど高調波環境に関わる国内外規格の動向等を踏まえて、高調波問題全般にわたり詳細な解説を行った。

　全体の構成として、まず第1章で高調波とそれにより生じる問題についてわかりやすくコラム形式で解説しており、脚注と合わせてお読み頂ければ全体像がつかめると思う。

　その後、第2章以降では、各々のテーマについて詳細に掘り下げて解説しているので、興味のある部分からお読み頂ければ幸いである。

第1章

高調波って何？

はじめに
　一般にはあまりなじみのない高調波について、会社員の波夫さんが、奥さんの調（しらべ）さんと中学生の息子の高夫君に説明しています。さて、どうなることやら…。

1．高調波のイメージ
波夫：さあ、今日はちょっと難しいけど高調波のことについて話をしよう。
高夫：コーチョーハ?? 大リーグに行った2人の松井さんは<u>好調の波</u>に乗っているらしいからそのこと？
波夫：・・・・・
調　：私の勤める中学校では職員の派閥争いがひどくて、<u>校長派</u>と教頭派に分かれていつももめてて、困ってるのよ。でも、その話なら面白そう。

波夫：ワイドショーじゃない！

（気を取り直して）コンセントにプラグを差し込めば電気が来ることくらいは知っているだろう？　その電気の「形」を決めるのが「高調波」と言われるもので、もともと発電機で作られる電気は正弦波といってきれいな曲線の形をしているのだけど、高調波という余計な成分が入ると、形が崩れてしまうんだ。

（基本波）　　　（高調波成分）　　　（歪み波）

調　：じゃあ、三段腹のもとになるにっくきビールのようなものね。でも風呂上がりの一杯は格別なのよね。

高夫：形が崩れるといっても、電気は見えないから、何だかよくわからないな。

波夫：人の声や楽器の音でイメージできるよ。たとえば、同じ「ド」の高さで同じような大きさの音でも、人の声とバイオリンとトランペットの音は区別できるだろう？　これはそれぞれの音色（ねいろ）が違うからだ。

調　：それは何となくわかるわ。

〔表1〕音の世界と電力品質の対比

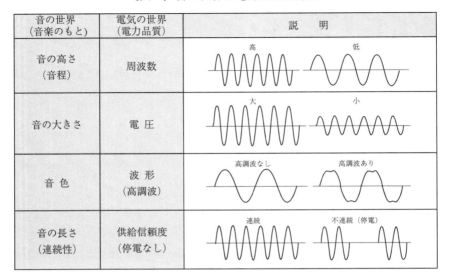

波夫：その音色を決めるのがまさに高調波なんだ。つまり本来の「ド」の音の他にもいろんな高さの音の成分が複雑に含まれているから、違って聞こえるわけだ。

調　：ということは、私の声にも高調波とか何とかいう、汚れた成分が入っているわけ？こんなに美声なのに？
　　　ァァ～ベマリィ～ア♪♪

高夫：（耳をふさいで）音と電気は同じなの？

波夫：音の世界での「音の高さ」「大きさ」「音色」の3要素は、そっくりそのまま電気の世界での「周波数」「電圧」「波形」に置き換えられる。この3つに「連続性」、つまり音の長さという要素を加えれば、ある音の性質を完璧に表わすことができるね。どんな音楽でも最終的にはこのように分解できるわけだ。これと同じで、「電気の質」（電力品質）は、「連続性」、つまり停電しないことと、「周波数」／「電圧」が安定していること、そして「波形」のきれいさ、といった要素で表わすことができる、というわけだ[注1]（表1）。

調　：少しわかったような気がするけど、それじゃあ、混りっけのない

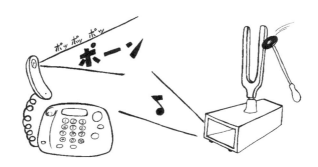

　　　音、つまり高調波のない音って何かあるの？
波夫：自然界にはまずないだろうね。人工的な音としては、時報のポーンという音や、楽器の調律などに使う音叉（おんさ）の音なんかはほとんど高調波のない音だよ。
高夫：世の中がそんな音ばかりだったら味気ないね。
波夫：そうだね。音楽が私達を癒してくれるのも高調波のおかげと言える。また、お父さんの声は低いので本当は電話では聞こえないはずなんだよ。それが聞こえるのは声に含まれる高調波成分のおかげだ。だから電話を通すと声が違うと言われるけどね[注2]。
　　　こう考えると、君達は初めて耳にした「高調波」という得体の知れないものが、何だか身近に感じられるんじゃないかな。
調　：何だ、高調波ってプロポーションを崩す悪者と最初は思ったけど、役に立つところもあるのね。それじゃあ、にっくきビールもどんどん飲もうっと。
波夫＆高夫：それとこれとは話が違う！

注1）フリッカや電圧不平衡、雷サージ等も電圧の安定を損ねる要素と考えられるので、次章以降詳細に解説する電力品質の各項目は結局すべてこの4要素に集約される。
注2）電話の周波数特性は300Hz～3,000Hzあたりなので、300Hzより低い声は電話を通すと高調波成分だけを聴き取ることになり、当然ナマと違う声に聞こえる。

2．高調波の弊害

高夫：形が崩れた電気は何か悪さをするの？

波夫：そうだね、いくつか問題があるけど、例えば電気の周波数は50Hzか60Hzなので、そのままでは音が低すぎて電話の声などに影響ないけど、高調波成分、つまりこの5倍とか7倍とかいう周波数になると、電話線を通っている人の声に近い高さなので、このような高調波成分が電線を流れる電気に混じると、近くの電話線に雑音を生じさせることがある。そうするとうまく通信できなくなるね[注3]。

　また、余計な電気が電線や変圧器を流れることになるので、ロスが増えて本来送りたい電気が送れない事態も考えられるし、ロスが増えるので発電所から出る二酸化炭素の量も当然増えるといった問題もある[注4]。

調　：ふーん、もったいないわね。魚もロスなく全部利用しなくちゃね。私は魚の頭の部分が大好きよ。

波夫：でも一番高調波が問題なのは、コンデンサが焼けてしまうことかな。日本で実際に人がヤケドして大問題になったことがあるんだ[注5]。

高夫：エッ？　電気の形の崩れでヤケドするってどういうこと？

波夫：電気が流れる経路や多くの電気を使う工場などには、電圧を適正に保つためにコンデンサという装置がたくさん置いてあるんだけど、これらは原理的に高調波を流しやすい性質があるんだ。だから電気の経路にたくさん高調波成分があると、これらのコンデンサに集中して電気が流れて熱くなり、悪くすると燃えてしまうんだ。満員電車でぎゅうぎゅう詰めだと熱くなるのと同じだよ[注6]（図1）。

　しかも、このコンデンサは、普通の住宅より大きなお店や町工場

注3）60Hzに対して第5次高調波は300Hz、第7次高調波は420Hzであり、注2の電話の周波数特性300Hz～3,000Hzレンジに入ってくるため、誘導雑音障害発生の懸念がある。

注4）高調波成分が含まれることにより、電流の実効値が増加するが、送配電ロスは電流値の2乗に比例するため、ロスの増大が問題となる。

注5）平成6年に子供向けの博物館の受電設備である6kVの力率改善用コンデンサが爆発・焼損し、技術者が負傷した事故があり、新聞等でも大きく報道された。

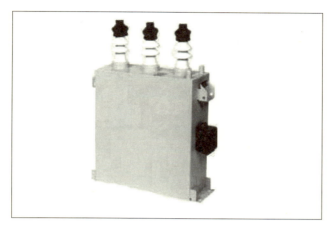

〔図1〕6kVコンデンサ

満員電車と加熱コンデンサ

　　　など、6kVで受電しているほとんどのところにあるから、こんな
　　　障害がどこで起きるかわからないし、事前に予測することも難し
　　　いんだ(注7)。
波夫：それは怖いね。
調　：魚は焼けばおいしいしビールにも合うけど、火事やヤケドは大変
　　　だから何とかしなきゃね。

注6) コンデンサのインピーダンスは$1/j\omega C$であり、周波数に反比例して小さくなるため、高い周波数の高調波電流が流入しやすいという基本的な性質がある。電流過多になるとコンデンサ内部の熱損失が増加し、最悪の場合爆発・焼損に至る。
注7) 電気料金の力率改善割引制度により、高圧需要家の受電設備の一部として力率改善用コンデンサが標準的に設置されている。これらは適正な電圧の維持、配電系統ロス削減に大いに貢献しているが、一方で注6に述べた理由により高調波障害の「被害者」になりやすい。

波夫：深刻な話をしているのに、「おいしい」という発想はもうやめなさい！

3．高調波の発生源

高夫：その高調波だけど、何が原因で電気の形が崩れるの？ 大きな工場とかにある機械が原因なんでしょう？

波夫：そういう場合ももちろんあるけど、家の中で使われている電化製品の大半が、実は高調波の原因になるんだ。例えばテレビ、パソコン、蛍光灯、エアコン、電子レンジ、掃除機、洗濯機、冷蔵庫、ステレオ、ビデオ、コーヒーメーカー、そして…（図2）。

調　：ちょっと待ってよ、それじゃ全部じゃないの。逆に高調波を出さないものはないの？

波夫：そうだなあ、せいぜいトイレにある裸電球と時々引っ張り出す電気コンロくらいかな[注8]。

調　：さっきの音楽の話で、難しそうな高調波と言っても案外身近に感じたんだけど、その原因も身近にたくさんあるってことね。昔、電気と言えば裸電球だった時代にはこんな問題はなかったんでしょう？

波夫：そのとおり。でもね、こういった高調波の発生源となる電化製品が増えてきたのにはちゃんと理由があるんだ。日本は天然資源に乏しい国ということもあって、特にオイルショックの後は世界一省エネが進んでいる。例えばインバータを使ったエアコンや冷蔵庫がどんどん普及してきたけど、これらは昔ながらのタイプよりもずっと消費電力が少なくなっている[注9]。

調　：確かに電器屋さんに行くと、電気代は10年前のタイプの1/3とか

注8）入力電圧と負荷電流が比例する、いわゆる線形負荷は負荷電流が入力電圧と同じく正弦波になるが、整流器やインバータなど電源回路で負荷電流を制御する機器の場合は、負荷電流が入力電圧に比例しない非線形負荷であり、このタイプは例外なく高調波電流の発生源となる。

注9）我が国では、家庭用エアコンや冷蔵庫の比較的大型のものは、すでにほぼインバータ化されているが、欧米では家電製品全般のインバータ化率が桁違いに低い。さらに欧米では蛍光灯の普及率が低く、線形負荷である白熱電球が多く使われている。このことは、欧米で高調波による障害が比較的少ない一因と考えられる。

〔図２〕身の回りの高調波発生源

　　　宣伝しているわ。あれのことね。うちの冷蔵庫も古くなったからこの際買い替えましょうよ。
波夫：買い替えたいのは畳と古にょ…、おっと危ない。そういうわけで、インバータを使った電化製品は省エネにものすごく貢献している。これはつまり二酸化炭素削減にも大いに貢献していることになる。ところが、この世のものには何にでも光と影の部分があって、要するに100％いいことばかりじゃない。このような省エネ機器の多くは高調波の発生量が増えるという、影の部分もある[注10]。
高夫：なるほどね。お母さんにだって、少しはいいところもあるもんね。
波夫：確かに。
調　：二人とも、何か言った？

注10）線形負荷を非線形化して省エネを達成した機器の場合は、入力電流波形が変化し、流出する高調波電流は増加する。一方で同じ省電力機器でも、入力電流波形を変えずに、あるいはさらに進んでより正弦波に近く改善した上で消費電力だけを削減した機器の場合は、流出する高調波電流も減少するので、省エネと同時に高調波対策にも貢献する。従って、省エネと高調波は一概に相反する概念とは言えない。この意味で「多くは」と表記した。

4．高調波対策の考え方

高夫：高調波ってどんなものか少しわかった気がするけど、問題を起こさないようにするには、どうしたらいいの？

波夫：そうだね。高調波問題というのは、あるところから発生した高調波成分、つまり何らかの余分なものが、電気の形を変える、つまり電気的環境を汚して、不特定多数のコンデンサなどに影響を及ぼす、ということだから、ある意味で公害と似ている面がある。公害だって社会の発展に大いに寄与した産業の影の部分と言えるから、その面でも同じだね。そう考えれば、公害と同じように高調波をそもそも環境に流出させない、つまり発生源のところで対策するというのが自然だ[注11]。

例えば、大きな工場にある特定の機械が発生源とはっきりしているような場合には、その工場内で対策してもらうしかないね。

調　：そうね。ごみ処理場は必要な施設だけど、ダイオキシンを出さない対策はちゃんとやってもらわなきゃ安心して暮らせないものね[注12]。

波夫：そのとおり。だけどさっき言ったように、高調波の発生源は身の回りにあふれているから、特定の大きな機械が原因でなくても、

何かの障害が起きることがあって、こっちの方が厄介と言えるね。

高夫：家庭のごみに含まれているダイオキシンが、一軒一軒ではほんのわずかでも、集まれば問題になるのと同じだね。

波夫：さすがはお父さんの子。そういうことだ。

調　：でも、それぞれの家庭でダイオキシンを出す量の管理なんかできないわ。ごみになるもとの製品のダイオキシン含有量自体を減らしてもらわなきゃ。

波夫：高調波もまさに同じで、大きな工場と違って一般家庭で高調波流出量の管理なんかできないから、発生源となる個々の家電製品からの発生を製造段階で減らすしかないんだよ[注13]。

調　：でもちょっと待って。ダイオキシンだって、ない方がいいに決まってるけど、完全にゼロにできないから、健康に影響を及ぼさない範囲で、4pg／kg体重／日以下、といった制限値で管理しているわ。高調波だって、少しくらいあっても障害が起きなければいいんじゃないの？ 対策にはお金もかかるだろうし。

波夫：たまには鋭いことも言うんだね。見直したよ。確かに高調波の発生量を完全にゼロにすることは技術的に不可能だけど、一方でどんなひどい高調波環境でも大丈夫という機器、例えばコンデンサ、を作ることも不可能だ。だから、人々の暮らしに深刻な影響を及ぼさないという大前提の下に、高調波を出す側とそれにより影響を受ける側の両方を考えた全体として、なるべくお金のかからない対策をやっていく必要があるんだ[注14]。

注11) 通産省資源エネルギー庁（当時）長官の懇談会「電力利用基盤強化懇談会」（昭和61年〜62年）や電気協同研究第46巻第2号「電力系統における高調波とその対策」（平成2年）では、「高調波発生源での抑制を基本としつつ、機器製造者、利用者、電力会社の協力が不可欠」との考え方が示されている。

注12) 大型のインバータ装置等は大量の高調波発生源であり対策が必要。工場等だけでなく電力会社の設備では交直変換設備や周波数変換設備がこれに該当し、これらのサイトには後述の高調波フィルタが大量に設置されている。

注13) 我が国の高調波対策は、電気主任技術者を擁して高調波流出量の管理が可能と考えられる高圧・特高需要家向けの「高圧又は特別高圧で受電する需要家の高調波抑制対策ガイドライン」と、そのような管理が不可能な一般家庭で使用される家電品などの製造段階での対策の基準となる「家電・汎用品高調波抑制対策ガイドライン」（現JIS C61000-3-2）の2本立てで実施されている。

注14) これが両立性の基本的な考え方である。

　　私達の健康に直接影響するダイオキシンのような公害と比べれば、高調波問題というのは一般的にはそれほど大きな関心を持たれていないけど、現実に負傷事故もあったんだから、専門家の人達は障害をなくすための検討をずっと続けているんだよ。
調　：しっかりお願いします。

5．高調波対策の具体例
高夫：実際にどうすれば高調波を減らせるの？
波夫：いろいろあるけど、大型機械から出てきた高調波を工場内で吸収する装置としては、フィルタがよく使われているよ。
調　：フィルタって、掃除機やエアコンに付いているあれのこと？　そういえばコーヒーをいれる時にも使うわ。
波夫：そう。どれももともとの意味は同じことで、いるものだけ通していらないものは通さない、ということ。高調波成分だけ工場から出ていかないようにするのが役目だ[注15)]。
調　：それじゃあ、テレビとかにもフィルタが付いているの？
波夫：そうだね、フィルタじゃないけど、高調波がコンセント側に行きにくくするコイルとか、電源回路そのものを改良して高調波の発生量を抑えるとかが対策として行われているよ。理想的には、省エネと高調波抑制を両立させ、しかもコストが安い電源回路とい

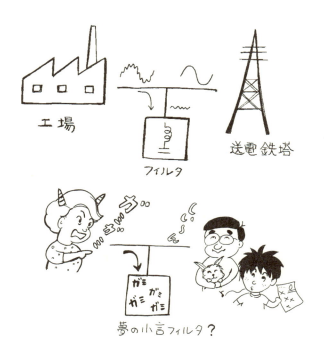

　　　うのが一番いいね。
高夫：「お母さんの小言フィルタ」が開発されればいいのにね。
波夫：確かに……
調　：二人とも、いいかげんにしなさい！

注15）フィルタには能動フィルタ（Active Filter）と受動フィルタ（Passive Filter）がある。前者は検出した高調波成分と同じものを作って逆相で加えて打ち消すもの、後者はコイルLとコンデンサCで直列共振回路を作り、該当高調波成分を短絡させるもの。ケースバイケースでこれらを使い分ける。

第2章

電力品質の分類と高調波

1. 電力品質とは何か

　どんな製品においても「品質」は「価格」と並ぶ最重要事項です。

　電気事業においても例外ではなく、「安定した高品質の電力を低廉な価格で」というのは常に最重要課題です。

　では、高品質とは何を指すのでしょうか。

　まずは社会の基本的インフラの一つとして停電しないことが最も重要なのは、近年世界各国で相次いだ大規模停電を思い起こすまでもなく明らかです。

　では停電さえしなければいいかというとそうではなく、「正しい交流の電気」をお届けするとの観点から、周波数と電圧が規定値に保たれ、電圧波形が正弦波であることが高品質な電力と言えます。そうでなければ、使われる機器によっては正常に動作することができず、最悪の場合、故障や火災、人身災害など重大な影響を生じさせることがあります。

　以上が、電力品質の全体像であり、イメージとしては容易に捉えられ

るのですが、実は「厳密な電力品質の定義」は確立しておらず、かなり多様な概念や異なる定義が使われているのが実態です。

本書のメインテーマである高調波を電力品質の範疇で捉えるのが今回の主題ですが、その電力品質にも様々な概念があることを以下に述べます。

例えば国際的には、IEC（国際電気標準会議）では電力品質（Power Quality）は、「利用者に供給する電力の特性を定義するパラメータの集合で、供給の連続性と電圧特性に関わるもの」といった、ややわかりにくい説明がなされていますし、一方で電力品質の各要素を詳細に解説したCENELECのEN50160では、タイトルからして「電圧特性」との限定された表現になっています。

また、アメリカのIEEEでは、装置の運転に適切かどうかとの概念で捉えられており、電力品質自体の特別な定義にはこだわっていません。

これらの解釈を分ける一つのポイントとして、「供給の連続性」、すなわち停電を電力品質の範疇に含めるかどうかがあるようです。

この点で、欧州の電力会社団体であるEurelectricによる電力品質についての最新レポート「Power Quality in European Electricity Supply Networks - 2nd edition」（2003年、なお本レポートはhttp://www.eurelectric.orgから入手可能）においては、「Quality of Supply」を供給の連続性と電圧特性を包含した概念、そして「Power Quality」を後者の電圧特性に限定した概念として使い分けています。

これだとかなり明確で、強いて和訳すれば、前者が「供給品質」、後者が「電力品質」となるでしょうが、実際にはこのように明確に使い分けられているわけではありません。

日本においても、例えば、電気協同研究第55巻第3号「電力品質に関する動向と将来展望（座談会）」（2000年1月）では、これらの各種定義を挙げつつ、最終的には電力会社および需要家が取り組んでいる電力品質の項目として、表2に示す7種類を取り上げています。本書ではこれに従うことにします。

また、電気学会技術報告第925号「競争環境下における電力品質」

〔表2〕 電力品質の種類

電力品質の種類	定義など	具体例
①停電	停電頻度、停電時間	台風など自然災害以外では稀頻度
②周波数	基準周波数からの変動	60Hz±0.1Hz（西日本の目標値）
③電圧	基準電圧からの変動	101±6V 202±20V （電気事業法施行規則）
④瞬時電圧低下	0.07～2秒程度の電圧低下	原因の大半は雷
⑤電圧フリッカ	継続する微小な電圧変動	原因はアーク炉等の変動負荷
⑥高調波	基本波の整数倍の周波数成分	原因は非線形負荷で第5調波が主体
⑦電圧不平衡	三相電圧の大きさまたは相間位相差の不平衡	単相負荷による相間の負荷アンバランスなどが原因

（2003年4月）においては、供給信頼度（停電の程度を示す用語としてよく使用される）、電圧、周波数の3種類を主要な電力品質項目とし、その他に高調波、電圧フリッカ、瞬時電圧低下などがある、と整理されています。

　これら我が国の最近の専門書2例では、停電を電力品質に含めていますが、その一方で、表2から停電を除いた概念で電力の品質を語ることも電力業界では広く行われています。

　以上、専門家の世界でも電力品質の定義が定まっていないお話をしましたが、一般の方々が「高品質の電力」でイメージするところは、まずは停電しない安定した電力供給でしょう。その意味からは、停電を含む方が自然と考えられます。

　その一方で、一般の工業製品を例にとりますと、「供給の連続性」、すなわち顧客が欲しい時に納期なしでいつでも手に入る、ということと、

製品そのものの品質とは別の概念というのが一般的かもしれません。

　本節では、少し長々と電力品質とは何かについて記しましたが、要は停電を含む広い意味と、それを含まない狭い意味が両方使われている、また、いずれにせよ高調波は電力品質の重要な一項目である、とご理解頂ければ幸いです。

　それでは、表2の7種類について、以下に解説することにします。

2．停電

　電力品質の概念に含まれるかどうかは別として、停電そのものについては明確で、電力の供給が途絶えることを意味します。

　我が国においては、電力供給設備の適切な形成と運用を積み重ねてきた結果、台風などの自然災害を除けば停電は極めて稀な現象となっており、諸外国と比較しても極めて停電が少ない状態、言い替えると供給信頼度が高い状況にあります（表3）。

　一般に電力供給設備は「N−1ルール」、すなわち設備の一つが故障しても停電が発生しない設計となっています（注：Nは通常の設備数を示す）。例えば、送電線はほとんどが2回線で設計されており、片回線が落雷などで故障しても、健全な回線で支障なく電力を送れるようになっています。

　従って停電が少ないのですが、稀にエネルギーの強大な落雷によって送電線2回線が同時に故障することもあり、その場合には一部の需要家が停電することになります。

　このような停電も皆無にするためには、送電の多ルート化など莫大

〔表3〕1需要家当りの年間平均事故停電時間の国際比較

アメリカ	フランス	イギリス	日本
97分	45分	73分	13分

　（注）　日本は2002年度電力10社、その他は2001年の数値
　［出典：「2003 あなたの知りたいこと；電気事業について44の
　　　　　質問と答」（社団法人 日本電気協会、2003年11月）］

な設備投資が必要になりますが、稀頻度であることを考慮してそこまではやらないのが合理的、というのが広く支持されている考え方で、これを具体化したのが「N-1ルール」ということです。

ただし、稀頻度ではあっても大規模な停電に発展しては社会的な影響が大きすぎるため、故障の波及を防止し、停電規模の極小化を図る系統保護システムや系統安定化システムなどを整備しています。

近年、アメリカなど世界各国で相次いだ大規模停電においては、このような対策が不備であったことが大きな要因として指摘されていますが、本書の目的から外れるため、これ以上は触れません。

3. 周波数

交流で送電する以上、周波数を規定値に維持することも大切なことです。第1章で触れた音の世界との比較においては、音程（音の高さ）に相当します。

周波数が大きく変動すると、交流モータの回転数が変動しますので、モータ自身の適切な運転や、モータによって作られる製品への影響が懸念されます。また、最近では少なくなりましたが、交流周波数に同期した時計では、時差が生じます。従って、電気事業法には周波数を規定値に維持すること、との条項があり、周波数の適切な維持は電気事業者にとって非常に重要な責務の一つです。

では、周波数はなぜ変動し、どのようにして規定値に維持するのでしょうか？

一言で言えば、「電力の需給バランスにより周波数が決定される」ということです。

わかりやすく解説しましょう。まず、ご自分が自転車をこいでいる姿を想像して下さい。

一定の速度で自転車が進んでいるということは、人間がこぐ力と摩擦力や空気抵抗など自転車の進行を阻害する力がちょうどバランスしているということです。

力学の基本法則である$F=m\alpha$（Fは力、mは質量、αは加速度）のと

おり、力がバランスしている、すなわち自転車に入力される力と出力される力が同じなので自転車という系に加わる力はゼロ、という状態では加速度もゼロなので、速度が一定ということです。

ここで、自転車の荷台に急に重い荷物を載せられるとどうなるでしょうか。同じ力でこいでいれば、速度が遅くなりますね。これを一定の速度に戻すためには、根性を入れて、より力強くこぐしかありません。

実は、電力系統の周波数も全く同じことなのです。周波数が西日本では60Hzといった規定値に保たれているということは、発電機出力の合計（こぐ力）と負荷電力（摩擦力など）の合計がバランスしているということで、この状態で負荷（荷台の荷物）が急に増加すると、発電機（自転車の車輪）の回転が遅くなり、周波数（自転車の速度）が低下することになります。

一定の速度（周波数）

負荷増による速度変動（周波数変動）

負荷が急に増加して発電機が苦しみ、回転が遅くなる様子を想像してみて下さい。この状態から回転を回復させるためには、根性ならぬエサ（燃料）の増加が必要、というのも容易に想像できるかと思います。

　電気は「スイッチを入れると使える」のが当たり前になっていますので、電力需要つまり電気の使われ方を予測することは難しく、それに合わせて発電機の出力をリアルタイムで制御して周波数を一定に維持する、というのは結構大変そうだな、と感じて頂ければ幸いです。

　このような周波数制御だけで本が一冊書けますが、それも本書の目的ではないので、これくらいにします。結果としてこのような制御によって、60Hz±0.1Hzという目標をほぼ100％近い時間でクリアしています。

4．電圧

　電圧の大きさも交流電気の基本的性質であり、第1章で触れた、音の世界との比較においては、音（声）の大きさに相当します。

　これについては、表2のとおり、電気事業法施行規則において明確に数値化されています。

　ここで、基準の電圧100Vや200Vに対してなぜ101Vや202Vといった半端な数値になっているのか、との疑問が生じますが、電力会社が責任を持つのはあくまでも需要家設備の入り口まで、ということから、責任の及ぶ最終地点（責任分界点と言います）から、実際に需要家の屋内で使用されるまでの電圧降下を1％みているため、というのがその答えです。

　前節で、「周波数は電力需給のバランスに依存する」と説明しました。これはもちろん有効電力のことですが、実は電圧維持の世界においても同様に、「電圧は無効電力のバランスに依存する」ということができます。

　この無効電力は、電力品質の分野でも非常に重要な概念であり、その量的な不足が大規模停電の原因となった実例も内外にあるくらいですが、なかなか理解し難いシロモノなのも事実です。本章の「一口コラム」で、無謀にも簡易な解説を試みましたのでご参照下さい。

　時々刻々変動する負荷電力（有効電力）に合わせて無効電力も変動し

ますので、電圧を一定に維持するためには、周波数同様に高度な制御が必要になります。

　その詳細は述べませんが、発電機、調相設備（コンデンサ、インダクタ、同期調相機、静止形無効電力補償装置など）、変圧器のタップなどを駆使して電圧を制御しています。

　その結果、平常時の電圧値について問題が生じることは非常に稀です。

5．瞬時電圧低下

　瞬時電圧低下（略して瞬低）とはその名のとおり短時間の電圧低下であり、音の世界との比較においては、声が瞬間的にかすれる、といった感じでしょうか。

　停電が稀頻度の日本においては、需要家側からみて最も関心の高い電力品質問題が瞬低ではないかと考えられます。これは、電力会社への苦情・問い合わせの実態からも言えることです。

　特に、コンピュータ、パワーエレクトロニクス応用機器が短時間の電圧低下により停止し、工場のライン等が停止して生産に大きな影響を与えるのが典型的な事例で、半導体関連工場や医療品工場、食品工場など影響は多岐にわたります。

　瞬低に関する我が国でほぼ唯一のまとまった教科書である、電気協同研究第46巻第3号「瞬時電圧低下対策」（1990年7月）によると、瞬低は以下のように定義されています。

　　『瞬時電圧低下とは、電力系統を構成する送電線などに落雷などにより、故障が発生した場合、故障点を保護リレーで検出し、遮断器でそれを電力系統から除去するまでの間、故障点を中心に電圧が低下する現象を言う。 なお、ここで言う「故障」とは、単なる「設備がこわれる事故」ではなく、落雷等で短絡故障（いわゆる「ショート」）、地絡故障（いわゆる「アース」）等の系統異常が発生し、過大な電流が流れる現象を言う。』

　表2の「0.07～2秒程度」とは、この故障除去に要する時間を意味し

〔表4〕電力会社による雷対策の例

取り組み内容	概要
架空地線（架空送配電線）	架空送配電線の上部に雷遮蔽線を設置して直撃を防止
避雷器（変電所母線等）	雷サージ電圧を抑制して変電所設備を保護
アークホーン（送電線碍子部）	碍子上下に金具を設置し雷サージをバイパスして碍子と電線を保護
アークホーン間隔の拡大	碍子枚数増加による逆せん絡の防止
接地抵抗低減（送電鉄塔）	落雷時の異常電圧を低減させ鉄塔から電線への逆せん絡を防止
落雷情報の活用	落雷位置標定システムにより落雷情報を把握し、系統運用に活用

ています。例えば220kV以上の超高圧電力系統では、保護リレーの動作に2サイクル、遮断器の動作に2サイクルを要しますので、合計4サイクル。これは60Hz電力システムにおいては0.07秒（4/60秒）になります。

なお、第2節ですでに述べた「故障」もこの意味であることは、言うまでもありません。

この定義でも明らかなように、原因の多くは落雷です。落雷は電圧低下にとどまらず、設備損壊や長期間停電の原因にもなりますので、電力会社としても雷対策は極めて重要な課題として長年取り組んできました。具体的には表4のとおりです。

しかしながら、地形的に雷の多い山岳地が大半の日本に、82,979km（2002年電力10社架空送電線亘長合計、電気事業連合会HPによる）の架空送電線が張り巡らされているのですから、送電線への落雷自体をなくすことは不可能です。その落雷による故障を現在の最高度の技術で短時間に切り離すまでの間に生じる現象ですから、瞬低をなくすこともまた不可能です。

従って、前記の電気協同研究「瞬時電圧低下対策」においても、『瞬時電圧低下が物理的に不可避な現象であり、これの影響を防止するためには、負荷機器側あるいは需要家側での対策が合理的』と明記した上で、『電力会社は瞬低問題のPRと技術コンサルト活動の充実を、メーカは瞬低対策メニューの多様化・瞬低対策性能明記・瞬低問題のPRを、行政は財政措置・関係者一体となった取り組みへの指導を、各界一体となって進めていく』ことを提言しており、現在もこの方向で取り組みがなされています。

なお、近年のパワーエレクトロニクス技術の急速な進展に伴い、瞬低対策機器の技術進歩は著しく、電力各社もいろいろな取り組みをしておりますので、興味のある読者は最寄りの電力会社にお問い合わせ下さい。

6．電圧フリッカ

フリッカ（flicker）とは、明かりがちらちらすることです。この、もともとの意味から明らかなように、電圧フリッカ問題とは、電圧の周期的な微小変動により、照明機器の明るさが変動し、人間の目にちらつきという不快感を与える現象ということができます。なお、ITの世界ではフリッカとはパソコンモニター画面のちらつきを意味しますが、本稿では「電圧フリッカ」ということで、それとは区別します。

音の世界との比較においては、声にビブラートをかけた状態ということで、この比喩でも明らかなように、不快感にはかなりの個人差があります。

家庭内でも、消費電力が変動する機器（例えば洗濯機）によって電圧が周期的に変動する現象は生じており、これによる照明のちらつきも発生しておりますが、電力品質としての捉え方をした場合には、アーク炉等の大型の変動負荷による広範囲の電圧変動が主に問題となります。

これはかなり古くからある問題で、我が国では昭和39年の電気協同研究第20巻第8号「アーク炉による照明フリッカの許容値」の提言に従った管理を現在でも行っています。

具体的には、照明のちらつきとしては10Hz（1秒間に10回のちらつき）が最も人間の目にうるさく感じるとの実験結果と、不快に感じる度合についての多数のモニター実験に基づいて、以下の式で管理されています。

$$\Delta V_{10} < 0.45\%$$

ここで、 $\Delta V_{10} = \sqrt{(a_1 V_1)^2 + (a_2 V_2)^2 + \cdots + (a_n V_n)^2}$

〔表5〕ちらつき視感度

Hz	0.01	0.05	0.1	0.5	1	3	5	10	15	20	30
視感度 a	0.026	0.055	0.075	0.169	0.26	0.563	0.78	1	0.845	0.655	0.357

ただし、anは、10Hzの電圧変動による目の感受性(視感度)を1としたときの、周波数nに対する相対的な視感度を表わす。すなわち目の感受性に基づく重み付け係数。これによりあらゆる周波数の電圧変動が10Hzの電圧変動(ΔV_{10})に正規化される(表5)。

なお、日本ではアーク炉等の大型機器による照明のちらつきがほぼ唯一の電圧フリッカ問題として取り扱れてきた歴史的経緯から、このような管理がなされていますが、IECではフリッカを含むあらゆる周波数の電圧変動を統一的に取り扱うP_{ST}との指標で管理する手法を提唱しており、その導入が今後の課題です。

7．高調波

本講座のメインテーマであり、第1章にてコラム形式で全体像を解説しましたので、概要はご理解頂けたことと思います。

狭い意味での電力品質とは、一言で言えば様々な電圧特性のことである、との趣旨を先に述べましたが、その意味で電圧波形を決定する高調波は非常に重要な電力品質マターであることは明白でしょう。

音の世界との比較においても、音色(声色)を決定付けるのが高調波成分です。

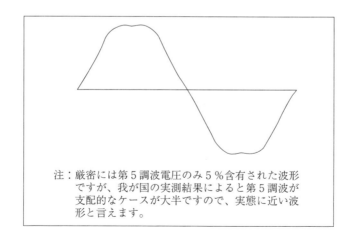

注：厳密には第5調波電圧のみ5％含有された波形ですが、我が国の実測結果によると第5調波が支配的なケースが大半ですので、実態に近い波形と言えます。

〔図3〕総合電圧歪み率5%相当の波形

本章では電力品質の範疇における高調波の位置付けを述べることに留めましたが、第3章以降では、高調波問題の経緯や実態調査結果とその分析などについて詳細に述べようと思います。
　ただし一つだけ、我が国で「環境目標値」として高調波管理の指標である「総合電圧歪み率5％」相当の波形を示しておきます（図3）。

8．電圧不平衡
　三相交流の各相電圧の大きさが異なる、または本来120度ずつであるべき相間の位相差が異なる状態を言います。
　これは三相交流特有の問題ですので、他の項目のように音の世界に置き換えることはできません。
　電力系統に接続される機器は三相機器と単相機器の両方があり、特に単相機器接続のバランスが悪いと、相間の不平衡が生じます。
　4節で述べたように、電圧値には数値化された基準範囲がありますので、不平衡がひどいと、その管理も困難になります。
　また、電圧不平衡に伴う逆相電流や逆相磁界の発生によって、三相発電機や三相電動機の回転子が過熱したり、騒音や振動が増加する影響が生じることがあります。
　ただし、他の電力品質項目と比較すると、我が国で問題になるケースは少ないと言えます。

9．まとめ
　本章では電力品質全般について解説しました。
　オーディオの世界で「高忠実度再生（ハイファイ）」と言う場合に、これを電気の用語に置き換えれば、楽器の音や声の大きさ（電圧）、音程（周波数）、音色（高調波成分）を忠実に再現し、変なビブラート（フリッカ）や瞬間的な音楽の不連続や声のかすれ（瞬低）がなく音楽を楽しく聴かせてくれること、ということになるでしょう。もちろん機器の故障などにより音が途絶えてしまっては（停電）、論外です。
　電力会社がお届けする電気も、こうあるべく日々努力を重ねているわけです。

一口コラム
「無効電力はコレステロール、そのイメージと重要な役割」

人間社会における社会活動が円滑に行われるためには、社会の隅々まで電力が不断に送られなくてはなりません。それが止まるとその地域での社会活動が停止してしまいます。さらに停電が広がれば、社会全体に深刻な影響が生じてしまいます。

以上のような社会活動と電力の話を人間の体にたとえてみましょう。

人間の体全体が健康に活動できるためには、体の隅々まで血液が不断に送られなくてはなりません。それが止まると部分的な活動停止、さらに広がれば生命の維持ができなくなってしまいます。

つまり、心臓が発電所、血管(動脈・静脈)が送電線、毛細血管が配電線、血液が電力、人体の活動が社会活動にそれぞれ置き換えられます。

ではここで、血液にもいろんな成分が含まれることはご存じですね。体を活動させる源、つまり細胞を働かせるエネルギー源は酸素であり、これを運ぶことが血管の最も重要な役割です。具体的には赤血球が その役割を担っています。しかしそれだけでは十分ではありません。直接にエネルギー源とはなりませんが、副腎皮質ホルモンやビタミンDの材料になり、血液の円滑な循環のための潤滑油の役割を担うコレステロールが、どうしても血液中に必要です。

ただし、よく知られるように、コレステロールは適量が必要で、多すぎると末端まで血液が送れなくなる、つまり動脈硬化になります。

実は以上の話をそのまま電力系統に置き換えることができます。

体の中の酸素と同じく、社会の中でモータを回し、部屋を明るくするための直接的なエネルギー源となるのが、有効電力です。

これに対し、体の中のコレステロールと同じく、エネルギー源とはならないものの、電力エネルギーの円滑な流通に必要な、潤滑油的なものが無効電力です。もう少し電気らしい言葉で言えば、「電圧」を維持する重要な役割があります。

つまり、100V定格のテレビに100Vの正しい電圧をかけられるようにするのが無効電力、そして実際にテレビから画と音を出すエネルギー源となるのが有効電力というわけです。

　さらに、コレステロールと同様に、無効電力も多すぎると末端まで電気が届かなくなる、動脈硬化のような現象が生じるところも同じです。

　以上のように、電力を社会の隅々まで不断に円滑にお届けするために、有効電力と無効電力が仲良く手を取り合って、活躍しているというわけです。

　Reactive Powerという原語を「無効電力」と訳してしまったために、まるで無駄なもののようなイメージを持たれることがありますが、決してそうではないことがおわかり頂けたでしょうか。「善玉」コレステロールが必要なのと同じだということです。

第3章

高調波関連の用語と高調波問題の経緯

1．高調波の定義と関連用語
1－1　高調波の一般的な定義

　第2章では、「電力品質」という語句が様々な意味で使われていることを説明しました。

　「高調波」についても、世界共通の定義が必ずしも明確化されているわけではありませんが、電力系統の世界では、それなりに共通の概念で理解されています。すなわち、「電力供給システムにおける商用周波数（基本周波数）の整数倍の周波数を有する正弦波を高調波と呼ぶ」ということで、電圧にも電流にも使われます。

　ちなみに、我々電力業界の人間は「高調波」とはこのような概念で考えますが、もともとの意味での高調波は、何も商用周波数だけを対象とするものではなく、電波を含むあらゆる周期的な現象に適用可能なのはもちろんです。

　その意味で、電子機器等の専門家の間では、本稿で取り扱う高調波について、機器内部で発生する高調波と区別するために「電源高調波」と

呼ぶことが多いようです。

　機器からみればコンセントから先の電力系統全体が「電源」であり、そのような区別が確かに合理的と思いますが、その一方で電力系統からみれば「電源」とは発電所だけを意味することが多いし、発電機（回転機）は基本的に高調波の発生源ではないので、この「電源高調波」という表現は我々にはやや違和感があります。従って、本書で取り扱う現象については、「電源」を付記せずに単に「高調波」と表記することにします。

　高調波問題は関係する業界の範囲が非常に広いことが特徴の一つですが、もともとは同じように電気に関連した専門家であっても分野によって用語の使われ方が異なることが多くあり、それが相互理解の妨げになることが懸念されることから、ここでは結構用語にこだわった解説を試みています。このためやや冗長になってしまう点をどうかお許し下さい。

　　～閑話休題～
　　　国内外の代表的な高調波（成分）に関する定義を以下に記します。いずれも表現は異なりますが、前記の共通概念を有することがわかります。
　　・IEC61000シリーズ
　　　基本周波数の整数倍の周波数を持つ成分を高調波成分という。（注：最も一般的な表現）
　　・EN50160（CENELEC）
　　　供給電圧の基本周波数の整数倍周波数を持つ正弦波電圧を、高調波電圧という。（注：電力系統の供給電圧に限定した表現）
　　・電気学会電気専門用語集No.5「給電」
　　　電力系統に含まれる商用周波数以外の整数倍成分を高調波という。（注：電力系統に限定するが、電圧、電流両用の表現）
　　・電気協同研究第46巻第2号「電力系統における高調波とその対策」
　　　周期量のフーリエ級数のうち第1次より高次の成分を高調波成分という。
　　・JIS Z8106「音響用語（一般）」
　　　周期的な複合波の各成分中、基本波以外のものを高調波という。（注：以上の2件はより数学的な表現）

1−2　中間高調波や高周波との違い

　高調波と同じく基本周波数より高い周波数成分であっても、基本周波数の整数倍でない成分のことは高調波とは呼ばずに、interharmonics（中間高調波または次数間高調波などと和訳される）として区別しています。

　また、字もよく似ていることから、「高調波」と「高周波ノイズ」が混同されることがあります。実際に、どちらも電磁環境に関わるノイズの種類の一つとして整理されていますが、主な違いは周波数です。

　例えば電磁両立性（EMC）問題全般を取り扱うIEC/TC77（国際電気標準会議の第77技術委員会）の下部組織として、9kHzよりも低い周波数の電磁ノイズを担当するSC77A（第77A小委員会）と、9kHzよりも高い周波数の電磁ノイズを担当するSC77Bに分かれて検討が行われていますが、高調波はSC77A、高周波ノイズはSC77Bで規格の検討が行われています。

　それでは、「高調波」とは商用周波数の整数倍で9kHz以下の周波数を

「ごんべんが　有ると無いでは　大違い」（調　作）

有するものを意味するかというと、必ずしもそうではなく、一般に第40調波あたりまでを電力系統における高調波（機器側からは電源高調波）成分としています。つまり商用周波数が50Hzの場合、2kHzあたりまでが本書における高調波問題で取り扱う領域です。

このような上限があるのは、空気中を伝播する電波ノイズと異なり、高調波は電力線を伝播する現象ですから、高い周波数の成分は電力線のインピーダンス（主成分は周波数に比例するインダクタンス）に阻まれ、伝播しにくいために、2kHz以上の高調波成分が問題になることがほとんどない、との理由によると考えられます。

また、高周波ノイズが商用電源周波数と同期していないのに対して、高調波はその性格上、必ず商用電源周波数と同期している（英語でharmonicsと表記するのも電源周波数とハーモナイズしているから）のも基本的な違いです。

1—3　高調波に関連した用語

次に、高調波に関連した各種用語の解説をします。

まず、基本周波数の何倍の周波数かを表わすのに、第○次調波や第○調波といった呼び方をします。また、その大きさが基本周波数成分（基本波）と比較してどの程度であるのかを表わすのに、第○調波含有率△％、といった言い方をします。

一例として、60Hz、100Vの低圧供給電圧に対して300Hz、5Vの正弦波成分が含まれている場合、「第5調波電圧含有率5％」と表現します。

また、含まれる高調波成分は一般に1種類ではなく、様々な周波数（次数）の成分が含まれておりますので、その総合的な度合を表わすために「総合電圧歪み率」（Total Harmonic Distortion；THD）との指標を用います。THDは以下の式で表わされます（電圧の例）。

$$\text{THD}(\%) = \sqrt{\sum_n (V_n/V_1)^2} \times 100$$

ただし、V_1は基本波電圧、V_nはn次調波電圧、V_n/V_1は第n次調波含有率。

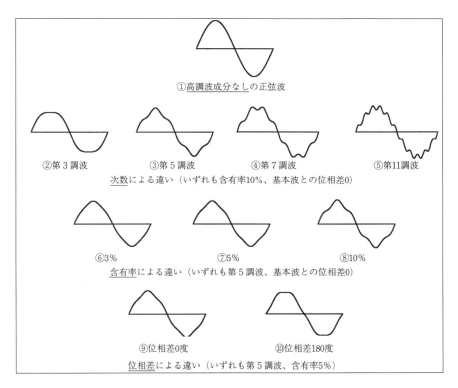

〔図4〕各次高調波成分を含む歪み波形の例

　なお、高調波成分が含まれることにより、正弦波から形が変化した（歪んだ）波形のことを、「歪み波」「波形歪み」などと表現します。電力系統における高調波の実態調査結果を「電力系統の電圧歪み率実測結果」などと呼ぶのはそのためです。

1―4　高調波成分を含む波形の例

　図4にいろいろな歪み波形を示します。

　次数、含有率および基本波との位相差をパラメータにしており、イメージがつかめると思います。特に、基本波との位相差が波形に大きな影響を与えることが⑨⑩から明らかですね。

　ここで突然細部に入って申し訳ありませんが、最近多くの一般的な機器において、小型化と効率性にメリットのあるコンデンサ入力型と言わ

れる電源回路が使用されています。

　これらの機器は、電圧波形の頂上部付近でのみ電流を消費しますから、その消費電流による電圧降下の影響で電圧波形の頂上部がフラットになります（Flat Topping）。

　この場合の消費電流には第5調波成分が盛大に含まれております（基本波の2/3程度）が、図4の⑨⑩の波形を見比べて頂くと、第5調波電圧が基本波と180度の位相差で重畳されるような方向に第5調波電流成分が作用することがわかります。

　つまり、コンデンサ入力型電源回路は、何も意図的に第5調波などの高調波電流を作ろうとしているわけではないのですが、効率性を目的として電圧波形の一部分のみを利用することから、必然的に非線形負荷（すなわち供給電圧と負荷電流が比例しない負荷）となり、結果的に高調波電流を電力系統に流出させることになるわけです（第1章で述べた「光と影」ですね）。

　以上から、図4の⑩が、一般的な機器が多く接続される電力系統における代表的な電圧波形の例となります。

　読者の皆様も、自宅の100Vコンセントの電圧波形をオシロスコープなどで観察してみると、⑩に近い波形になっていると思います。もしもこれとかけ離れた波形であれば、何か特殊(？)な機器をお使いのはずです。

2．高調波問題の経緯

　それでは、この高調波はいつ頃から問題になってきたのでしょうか。ここでは技術的な側面を技術報告書の歴史から、また社会的影響の側面を高調波関連規格の歴史から述べたいと思います。

2－1　技術的側面

　水銀整流器など大型の非線形負荷から高調波が発生し、これが通信線誘導障害などを誘発することは、かなり古くから知られていました。例えば、昭和22年にはすでに、電気協同研究第3巻第2号「大容量水銀整流器設備より通信線へ及ぼす誘導障害防止の研究」が発刊されています。

〔表6〕高調波を主題とした技術報告書（電気学会および電気協同研究）

発刊時期	タイトル	報告書番号
1973年5月	サイリスタ装置より発生する高調波に関する諸問題	電気学会技術報告Ⅰ部105号
1978年3月	配電線における波形ひずみの研究	電気学会技術報告Ⅱ部64号
1981年10月	配電系統の高調波障害防止対策	電気協同研究第37巻第3号
1990年6月	電力系統における高調波とその対策	電気協同研究第46巻第2号
1991年12月	工場電気設備における高調波の現状と対策	電気学会技術報告Ⅱ部396号
1997年7月	アクティブフィルタ機能を有する電力変換回路とシステム―電源高調波規制および対策技術の現状と動向	電気学会技術報告第643号
1998年4月	交流電気鉄道用車両の高調波対策	電気学会技術報告第676号
1998年11月	高圧受電設備における高調波問題の現状と対策	電気協同研究第54巻第2号
2002年12月	同期機の高調波に関する諸問題と対応技術	電気学会技術報告第903号

（注）電気学会技術報告については、Ⅰ部（2点以上の報告を同冊に編集）が第157号まで、Ⅱ部が第456号まで存在するが、第457号以降、この分類を廃止し、すべて単独編集。

〔表7〕高調波も重要な要素の一つとして記述した技術報告書の例
（電気学会および電気協同研究）

発刊時期	タイトル	報告書番号
1988年6月	高調波フィルタ・静止形無効電力補償装置の設置状況に関する調査結果	電気学会技術報告Ⅰ部149号
1992年1月	特別高圧需要家受電設備	電気協同研究第47巻第5号
1996年4月	工場・ビルにおける電源品質確保の現状と対策	電気学会技術報告第581号
2000年1月	電力品質に関する動向と将来展望	電気協同研究第55巻第3号
2001年2月	産業用ACドライブの高効率化と高調波抑制技術の現状と今後の動向	電気学会技術報告第825号

（注）この他にも、交直変換設備や汎用インバータ等、パワーエレクトロニクス応用機器に関する技術報告書の中で、一部高調波に言及するものは多数ある。

　しかし、パワーエレクトロニクス技術の進展に伴う高調波発生源の飛躍的な増大と、高調波電流を流しやすい本質的な性質を有する力率改善用コンデンサの普及により、通信線誘導障害以外の高調波問題がクローズアップされてきたのは昭和40年代頃からで、電気学会や電気協同研究といった中立的かつ公的な技術報告書のテーマとして高調波が頻繁に登場するようになったのもそれ以降のことです。

　表6と表7はこれら技術報告書の一覧ですが、内容的には、電力系統側の観点から記述されたものと、機器側の観点から記述されたもの、そして機器を設置する需要家の観点から記述されたものの3種類に大別することができます。

　もちろん、こういった実践的な技術報告書とは別に、各種学会におい

て、純粋に研究の観点から高調波に関する論文が多数発表されてきています。

さらに行政の観点からも、通商産業省資源エネルギー庁（当時）長官の私的懇談会である「電力利用基盤強化懇談会」（1986年7月～1987年5月：学識経験者、関係業界などから構成）の報告書でも、高調波問題は大きく取り上げられています。ちなみにこの報告書で初めて具体的な高調波管理目標（総合電圧歪み率で配電系統5％、特別高圧系統3％）が記述され、現在に至るまで採用されています。

このように多様な観点から高調波が頻繁に論じられてきたのは、日本以外では例がありません。

次項で述べる高調波抑制対策ガイドラインが、行政、電気事業者、機器製造者、需要家の協力を前提としたものであり、それがこの10年間以上にわたってうまく機能してきたという、世界に誇れる実績を上げてきたのも、本項で述べたように、各々の立場で真摯に高調波問題が検討されてきたおかげと言えます。

2－2 社会的影響の側面

1981年（昭和56年）には「配電系統の高調波障害防止対策」が発刊されており（表6）、この頃にはすでに、全国的に調査して対応を検討する必要が生じるほど、かなりの障害が報告されていたことがわかります。

実際に筆者の所属する九州電力でも、昭和50年代にすでに多くの障害が発生し、筆者自身も対応に当りました。

こういった背景があって、前項で述べた多方面の動きに繋がっていったわけです。

しかしながら、社会的影響という観点からは、1994年（平成6年）春に発生した人身事故が新聞等のマスコミにも大きく取り上げられたことが、我が国における高調波問題対応についての大きな転換点になったことは間違いありません。

余談ですが、モノのトラブルだけでは大きな動きがなくても、人身事故をきっかけに大きな動きに繋がる、というのは、高調波問題に限らず

よくあることではあります。

　人身事故発生の同年、10月3日付で、通商産業省資源エネルギー庁公益事業部長名の通達という形で、2種類の高調波抑制対策ガイドラインが制定されました。

　すなわち、低圧汎用機器個々からの発生量の上限を定めた「家電・汎用品高調波抑制対策ガイドライン」と、高圧や特別高圧で受電する需要家を対象に契約電力1kW当たりの発生量の上限を定めた「高圧または特別高圧で受電する需要家の高調波抑制対策ガイドライン」（注：「特定需要家高調波抑制対策ガイドライン」または単に「特定需要家ガイドライン」と略称されることも多い）です。

　これらについての詳細は次章以降に譲りますが、ここでは、2種類に分けられている基本的な考え方だけを述べておきたいと思います。

　まず、高圧以上で受電する需要家には比較的大型の（従って電力系統への影響が大きい）非線形負荷機器が設置されている可能性があり、またこのような需要家には電気主任技術者の選任が法律で義務付けられていますので、高調波流出電流の管理が個別に可能との判断から、後者のガイドラインが制定されました。

　内容的には表6の電気協同研究報告第46巻第2号「電力系統における高調波とその対策」（1990年6月）で提言されたとおりとなっています。

　一方、一般の低圧需要家には大型の非線形負荷機器が存在せず、家電機器の使用が大半であることと、これら需要家には電気の専門家がいないので需要家単位の高調波流出電流管理は不可能であることから、低圧の家電・汎用機器については生産工場段階で対策を施す必要がある、との考え方で制定されたのが前者のガイドラインです（注：例えば独居老人や家庭の主婦に対して「お宅の高調波電流を〇〇A以下にして下さい」などと言ってもほとんどの場合、意味がありませんね）。

　内容的には国際規格であるIEC 61000-3-2（16A以下の低圧機器を対象とした高調波流出電流上限規格）に準拠したものとなっています。

　なお、このガイドラインは2003年12月に新たに発効したJIS C 61000-3-2（IEC 61000-3-2のJIS版との意）に置き換えられて現在に至っています

が、その基本的な考え方と内容は引き継がれています。
　以上がおおまかな我が国の高調波問題の経緯ですが、締め括りとして、近年の高調波障害件数の推移を図5に示します。このような電気事業連合会による実態調査結果については、第5章で詳細に述べますが、まずは事実のみの提示に留めます。

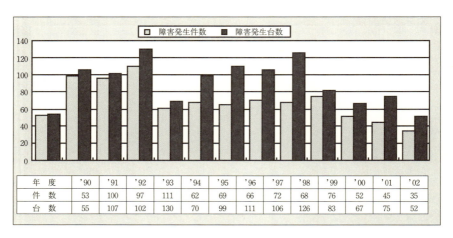

〔図5〕高調波障害件数の推移
（電気事業連合会調べ、ただし電力会社に報告された事例のみ）

第4章

高調波の一般的基礎：
発生源、影響、回路計算

1. 高調波の発生源

　表8に高調波発生源のおおまかな分類と代表的な機器を示します。第1章で述べたように、交流入力電圧に何らかの加工を施す電源回路を有する機器は、すべて非線形負荷、すなわち高調波の発生源となりますが、特に整流器、インバータに代表される交直電力変換機器が代表的なものです。

　表9は、比較的大型の機器に使用される単相および三相整流回路の代表例と、それらから発生する高調波次数および電流含有率（＝第n次高調波電流発生量／基本波電流）の理論値を示します。特に多用される三相ブリッジ整流回路の場合、

　①第5次、第7次、第11次、第13次…高調波が発生
　②高い次数になるにつれ発生量が減少

することがわかります。

　また、表10はやや古いデータですが、一般家庭で使用される家電機器（低圧、単相）の高調波電流含有率の測定例を示します。特に多用

〔表8〕高調波発生源の種類

電源回路種別	代表的な高調波発生機器
①三相整流回路	電解用整流器、電気鉄道、充電器、CVCF
②電力調整回路	調光器、電気炉、熱機器の温度調整器
③単相コンデンサ入力整流回路	テレビ、パソコン、オーディオ機器など家電品の多く
④インバータ回路	インバータエアコン、インバータ冷蔵庫、太陽光発電

〔表9〕整流回路方式と高調波次数・含有率の理論値

回 路	基本回路図	発生高調波次数	高調波含有率
単相ブリッジ		$n=4m\pm1$ $m=1, 2, …$	$Kn\times(1/n)$
単相混合ブリッジ		$n=2m\pm1$ $m=1, 2, …$	$Kn\times(1/n)$
三相ブリッジ		$n=6m\pm1$ $m=1, 2, …$	$Kn\times(1/n)$
三相混合ブリッジ		$n=3m\pm1$ $m=1, 2, …$	$Kn\times(1/n)$

(注) Kn：制御遅れ角や転流重なり角などによって決まる係数で1以下

〔表10〕代表的な家電機器の各次高調波電流含有率の測定例

(単位：％)

機器	電源回路方式	3次	5次	7次	9次	11次	13次
テレビ	全波整流コンデンサ入力	86	66	44	24	8	3
ステレオ	降下型全波整流コンデンサ入力	71	45	18	5	6	4
エアコン	全波倍電圧整流平滑	22	11	11	9	7	9
小型一般照明器具	チョーク限流型	10	3	2	1	0	0
白熱電球用調光器	全波位相制御	59	21	19	13	11	9
電子レンジ	倍電圧整流	20	9	4	2	1	1

・出展：電気協同研究第46巻第2号「電力系統における高調波とその対策」、平成2年6月
・各種の電源回路方式から一例ずつ抜粋し、数値は四捨五入した。

されるコンデンサ入力タイプの含有率が非常に高いことがわかります。
　ただし表10は、豊富なデータが取りまとめられており現時点でも高調波の最良の教科書である平成２年発刊の電協研報告書から抜粋したものですが、電源回路の技術的進歩は著しく、また家電・汎用品高調波抑制対策ガイドライン（現JIS C61000-3-2）に基づいて対策された機器も多いため、現時点で出荷される製品では異なる数値となることをご了解下さい。
　ここでは、どの電源回路方式によっても高調波は発生するが、その発生量は大きく異なることをご理解頂ければ幸いです。
　なお、各電源回路からの高調波電流発生メカニズムについては、第３章で紹介した技術報告書をはじめ、多くの本やHP等で解説されておりますので、ここではあえて詳細な説明を略させて頂きました。

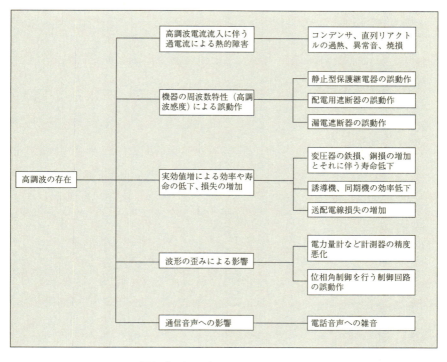

〔図６〕高調波による影響の分類

2．高調波の影響

第1章で高調波電流の過剰流入によるコンデンサ焼損の例などを取り上げましたが、ここでは、より詳細に高調波による影響について解説します。

図6は、影響を分類したものです。以下、具体的に説明します。

2—1　高調波電流流入に伴う過電流による熱的障害

我が国で最も障害例が多いケースであり、周波数に反比例してインピーダンスが減少するコンデンサとその直列機器（リアクトル）が主な対象となります。過熱、異常音、焼損は別の現象ではなく、原理的に高調波電流が流れやすいコンデンサが過電流により発熱、振動し、最終的に焼損に至るというものです。具体的には、誘電体の損失増加による温度上昇が主に問題となります。

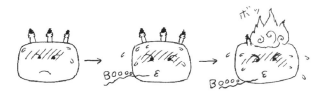

コンデンサの過熱、異常音、焼損

また、コンデンサと直列に設置されるリアクトル（その必要性については3—5節で後述）も、鉄心、巻線、油などの過熱が問題となります。

2—2　機器の周波数特性（高調波感度）による誤動作

昔からある誘導円盤型や電磁形の保護継電器（いわゆるメカ形）は、高調波に対する感度が低いため、特に高調波による誤動作が問題になることはありませんでした。ところが、半導体を用いた静止形保護継電器は、高調波領域の周波数に対しても感度が比較的高いため、高調波による誤動作が問題となります。

保護装置の誤動作は停電に直結しますので、このような継電器については、アナログフィルタによる対策が施されています。

次に、配電用遮断器は、熱動電磁形、完全電磁形、電子式などいろいろなタイプがあり、各々高調波に対する感度も異なりますが、電磁力を利用するものは引き外し電流値が周波数の影響を受けますし、電子式では波形（ピーク値）変化の影響を受けます。このため定格電流を負荷電流と比較して余裕があるものとするなどの対策が、必要に応じて行われています。

さらに、漏電遮断器もタイプによっては高調波電流に対する感度の変化があり、誤動作につながることがあります。

2-3 実効値増による効率や寿命の低下、損失の増加

高調波電流が含まれることにより、電流実効値が増大しますので、変圧器や発電機、送配電線など電力系統を構成する機器全般について、効率低下、寿命低下、損失の増大などを引き起こします。

例えば、電力損失P(W)は電流実効値をI、回路抵抗をRとすると以下の式で表わされ、損失分は熱となります。

$$P(W) = I(A) \times I(A) \times R(\Omega)$$

従って、高調波電流の重畳により電流Iが増加すれば、その2乗に比例して損失が増加し、同時に発熱量が増大することになります。これは、効率の低下や寿命の低下に直結します。

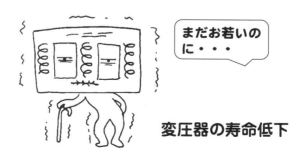

変圧器の寿命低下

制御回路の誤動作

2—4　波形の歪みによる影響

　位相角制御を行う制御回路においては、波形がゼロ点を通過するポイントを基点として制御を行う原理のものが多くあります。

　このような制御回路の場合、波形歪みが著しくてゼロ点が本来のものより多数存在するケースにおいては、当然制御不能に陥ります。

　また、整流形の電流計や電圧計においては、電流・電圧波形が歪んでいると、誤差が生じることがあります。

2—5　通信音声への影響

　第1章で述べたように、電話の周波数帯域は300Hz～3,000Hz程度であり、電力系統での含有率の高い第5調波（60Hz電力系統で300Hz）や第

電話音声への雑音

7調波（同420Hz）などは妨害となり得ます。具体的には、電話線に電力線が近接する場合に、誘導妨害が問題となります。

昔はこれが高調波の主な問題と認識されていましたが、最近では電磁遮蔽の効果等により、障害として報告されることは稀になっています。

3．高調波の回路計算
3－1　高調波回路計算の基本

高調波の影響について定量的に検討するためには、高調波回路の計算が必要となります。

具体例としては、需要家構内にコンデンサや自家発電装置などが存在する場合の「高圧又は特別高圧で受電する需要家の高調波抑制対策ガイドライン（特定需要家ガイドライン）」への適合性の検討、高調波障害発生時の発生源探索、高調波フィルタなど対策の具体的検討などにおいて、回路計算が必須となります。

ただし、そう難しく考える必要はありません。要するに交流回路の周波数が基本波と違うだけですから、通常の交流電気回路計算（基本波ベース）との違いは主に次の3点だけです。

①回路の電気的3要素のうち、純抵抗分は基本波回路に同じ、インダクタンス分は高調波次数倍（第5調波なら5倍）、キャパシタンス分は次数分の1（第5調波なら1/5）に換算（図7参照）。

式で書けば、以下となります。

$$R_n = R_1$$
$$Z_{Ln} = n \times Z_{L1}$$
$$Z_{cn} = Z_{c1}/n$$

（ただし、nは高調波次数）

②高調波発生源となる機器を**電流源**として回路に挿入。

③基本波回路では通常、電圧源として模擬する発電機は、n倍の内部リアクタンスのみ挿入し、電圧源は削除。

以上をまとめると図8のようになります。基本はこれだけです。

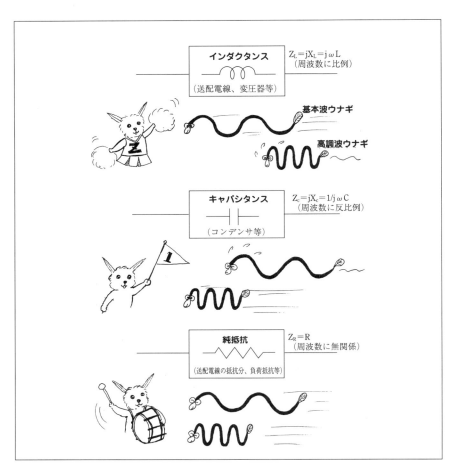

〔図7〕高調波回路計算の3要素

　解説すると、①は回路要素の周波数特性から明白でしょう(厳密には、例えば送電線の抵抗分にも周波数特性が皆無ではないのですが、通常そこまで厳密な計算が要求されることはありません)。

　次に、②は重要で、基本波回路では電源が電圧源として模擬されることが大半であるのに対し、高調波回路計算では、高調波「電流」発生源として通常模擬されます。

　例えば、前述の表9においては、当該機器が接続される系統側の状況

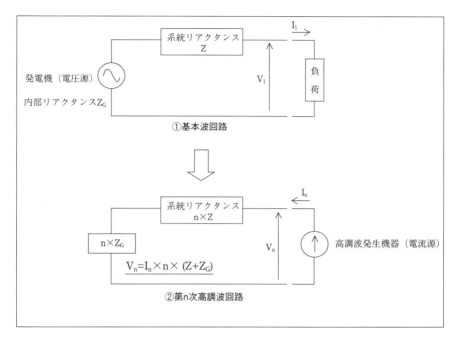

〔図8〕高調波回路計算の基礎

(インピーダンス等) によらず、理論的な高調波電流発生量は不変であることを示しており、これはすなわち高調波の発生源が電流源として模擬できることを意味します。

　もちろん、これも厳密には系統側の状況によって発生量は若干変化します。例えば低圧機器の高調波電流上限を定めたIEC 61000-3-2（日本版JIS C 61000-3-2）において、規格適合をチェックする測定条件が厳密に定められているのもそのためです。

　しかし、通常の高調波回路計算においては、そのような変動は許容誤差内とみなすことが一般的です。

　また、前述の③については、発電機が回転機である限り、通常運転状態において高調波電流はほとんど発生しないためです。ただし、太陽光発電などインバータを介して電力系統に連系される場合には、このインバータを高調波電流源として模擬する必要があるのは当然です。

3—2 高調波電圧の形成
図8に示すとおり、第n次高調波電流I_nを発生する高調波発生機器が電力系統に接続される地点において、形成される第n次高調波電圧V_nは、

$$V_n = I_n \times n \times (Z + Z_G)$$

で表わされます。お気づきのとおり、これはオームの法則そのものです。

高調波回路計算といっても基本波回路とは周波数が異なるだけの交流回路ですから、オームの法則とキルヒホフの法則を当然満足します。このことは単純ですが実は非常に重要です。その例を以下に記します。

3—3 高調波上限規格との関連
前項は、高調波関連規格の制定において非常に重要なポイントです。つまり、我が国では高調波環境目標値として、特高系で総合**電圧**歪み率3%、配電系で同5%としています。これは障害発生状況やコンデンサなど障害が懸念される機器の耐量、諸外国の状況などから設定されたものですが、一方で機器または個々の需要家から発生する高調波上限は、公平性の観点から各次調波**電流**で規定されています。

そうすると、電流上限値を設定するにあたって系統インピーダンスが電圧と電流の関係を決定する要素として非常に重要であることがわかります。

このことから、前述のIEC 61000-3-2では「基準インピーダンス」を定めて電流上限値を設定しています。

3—4 回路計算の一例
図9は高調波回路計算の最も簡単な一例ですが、これだけでも多くのことが理解できます。

まず回路①は、インダクタンス2つの並列回路です。簡単な分流計算により、各々の電流値が計算できます。この場合、電流源(高調波発生源)の電流値を超える電流は、回路のどの部分にも流れません。

一方、回路②は、インダクタンスとキャパシタンスの並列回路です。この場合、回路①と同様に簡単な分流計算を行うと、何と!! インダク

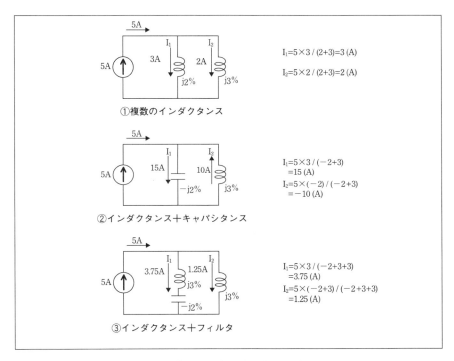

〔図9〕高調波回路計算の一例

タンスにもキャパシタンスにも、もともとの電流源を大きく超える電流が流れます。初めて見れば信じられないかもしれませんが、オームの法則とキルヒホフの法則をきちんと満たしていることをご確認下さい。

　この場合は前者のインピーダンスが$j3$、後者が$-j2$ですが、この絶対値が同じであれば電流値が無限大になります。これを「並列共振」と呼びます。回路②は、この並列共振に近い状態と言えます。

　さらに回路③は、回路②のコンデンサ（キャパシタンス）と直列にインダクタンスを挿入したものです。この直列部分の合成インピーダンスは（$j3-j2$）で$j1$となり、この部分に電流源の電流値5Aの3/4が流入します。

　直列部分の2要素の絶対値が同じ場合、合成インピーダンスはゼロ（すなわち短絡状態）となり、電流源の5Aすべてが流入します。こ

の、インピーダンスゼロの状態を「直列共振」と呼びます。回路③の直列部分は、この直列共振に近い状態と言えます。

　実は、この直列部分こそ、最も典型的な高調波対策である交流フィルタ（受動フィルタ、パッシブフィルタとも言う）なのです。対象とする高調波次数の周波数にほぼ直列共振させたキャパシタンスとインダクタンスのセットが、すなわち交流フィルタというわけです。

　回路③のケースで、右側のインダクタンスを電力系統、電流源を高調波発生源とすると、このフィルタの効果により、系統へ流出する高調波電流を1/4まで抑制したことになります。

　交流フィルタで最も重要なことは、「対象次数に対して直列共振に近い状態」といっても、必ずインダクタンス（誘導性インピーダンス）でなくてはならない、そうでなければ回路②の原理で逆に高調波電流を拡大してしまう、ということです。それでは対策になるどころか逆効果です。

　以上、図9の簡単な回路計算の例から次のことがわかります。
- 回路のインピーダンス要素がすべてインダクタンス（誘導性）であれば、高調波電流の拡大はない。
- 一方、回路にインダクタンスとキャパシタンスが共存すれば、高調波電流の拡大現象が生じ得る。
- ただし、このキャパシタンスにインダクタンスを直列に接続することにより、フィルタとして高調波の流出を抑制することもできるようになる。

3−5　直列リアクトルの必要性

　前項を理解して頂ければ、力率改善のためのコンデンサに直列リアクトルの設置が推奨されている理由がおわかりかと思います。

　図10は、直列リアクトルがあるコンデンサとないコンデンサの、基本波と第5調波に対するインピーダンスを示しています。

　コンデンサのみの①では、第5調波に対してもキャパシタンス（容量性インピーダンス）ですが、6％の直列リアクトルを設置した②では、第5調波に対してインダクタンス（誘導性インピーダンス）となってお

り、直列リアクタンスを挿入することによって、最も問題となる第5調波を拡大する恐れがないことがわかります。すなわち、図9の②の状態から③の状態に改善したことになります。

以上、本章では、高調波に関する技術的な基礎を説明しました。特に回路計算については、高調波計算そのものは難しくないこと、しかし簡単な回路でも高調波の振る舞いを理解する多くの情報が得られること、の2点をポイントとして説明しました。

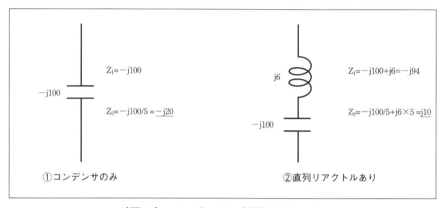

〔図10〕コンデンサと直列リアクトル

第5章

電力系統における高調波の実態

1. 高調波実態調査の目的と意義

　電気事業連合会では、2種類の高調波ガイドラインが制定された1994年から毎年、電力系統の高調波電圧歪みと障害実態に関する調査を継続して実施しています。
　これは、関係者（行政、需要家、機器製造者および電力会社）が協力して高調波問題に対処していくための基本的なデータとして、非常に重要な意味を持つ調査ですので、電気事業連合会としても毎年かなりの労力をかけて実施しているものです。
　この実態調査の結果は毎年、低周波領域の電磁両立性（EMC）を審議するIEC/SC77A国内委員会を通じて、電気用品等規格・基準国際化委員会と電気用品調査委員会に報告されています。
　もちろん単に報告されるだけでなく、国内の高調波関連規格の有効性検証や、改定検討を行う場合の基本データとして利用されますし、さらには、国際規格IEC 61000シリーズの内容を審議する国際会議

(IEC/SC77A/WG1等）にも貴重な実測データとして度々報告され、国際規格の合理的な改定に貢献しています。

　諸外国をみても、10年以上にわたってこのような高調波実態調査を継続実施している国は見当たりません。インバータ応用機器などの高効率機器（従って高調波を発生する非線形機器）の普及率が際立って高い我が国の実態は、今後そのような機器が普及してくるであろう諸外国からも大いに注目されています。

　電力会社としては、商品である電力の品質を適正に管理する観点から、高調波のモニタリングを行うことは当然と言えますが、それだけでなく、以上述べたような意味合いからも、我が国において高調波による障害が一定期間にわたって皆無とならない限り、実態調査の重要性は変わらないと思います。

2．高調波電圧歪み率の実態
2—1　測定条件

　高調波の影響を全体的、継続的に評価して対応策に生かしていくことが、高調波電圧歪み率実態調査の最大の目的です。

　従って、毎年同じ時期に同じ場所で測定し、特殊要因等により突出したデータが全体評価に大きな影響を与えないように、多数のデータを統計的に処理して分析・評価する手法を採用しています。

　以下に詳細な測定条件を記します。各地域、各国の測定データを比較・分析・評価する際に、測定条件は非常に重要なファクターであることは、高調波に関わる国内外技術者の共通した理解ですから、本書でも詳細な測定条件を明記しておきます。

（1）測定箇所

●以下の4カテゴリーに分類し、我が国の10電力会社から各々のカテゴリーで1～3か所ずつの測定箇所を選定。
　① 「6kV系統 住宅地域」
　② 「6kV系統 商工業地域」
　③ 「22～154kV特別高圧系統」

測定条件は非常に重要！
(条件が違えば100m走15秒の方が20秒より良いとは限らない!!)

④「187〜500kV超高圧系統」
- 合計測定箇所数は、カテゴリー①②が各10か所（各社1か所）、カテゴリー③が24か所（各社1〜3か所）、カテゴリー④が19か所（各社1〜2か所）。
- 測定地点は、電力会社の変電所の送り出し母線（注：配電線途中や末端の需要家受電地点ではないことに注意）。
- 一つの電力会社の中で、なるべく同一系統から前記の4カテゴリーの測定地点を選定。例えば九州電力の場合は、同じ500kV変電所の系統から全測定地点を選定。これは、超高圧〜特別高圧〜高圧に至る高調波電圧歪みの相互関係を分析するため。
- 特に障害が報告されていない一般的な系統から測定地点を選定。これは全体的なトレンドを正しく把握することが主目的であるため。
- これらの測定地点は、1994年の測定開始から不変。

（2）測定期間、インターバル
- 毎年一定時期（10月第3週頃）の金曜日～火曜日の5日間。これは、傾向の異なる平日と週末のデータを確実に収集するため。
- 毎正時に測定。従って測定インターバルは1時間。

（3）測定要素
- 電圧歪み率のみ測定。これは、高調波環境目標レベルが総合電圧歪み率で設定され、また電流歪み率は負荷電流の影響を大きく受けるなど、高調波の一般的な実態を評価するには電圧が適しているため（注：高調波障害発生時などは、発生源探索のために電流測定も必須であることは言うまでもなく、要は目的に応じて測定要素が選定されるということ）。
- 測定次数は第3次、第5次、第7次、第9次、第11次、第13次、第15次電圧含有率および総合電圧歪み率（THD）。

（4）測定機器
- 変電所母線から測定電圧を取り出すための計器用変成器はPT（Potential Transformer）またはPD（Potential Device）。
- 使用測定器は各社必ずしも同一ではないが、方式はすべてA/Dサンプリング・フーリエ解析方式。一例として九州電力では、1024サンプリングで第60次調波まで測定可能な測定器を使用。
- 測定結果の継続性の観点から、極力毎年同一の測定器を使用。

（5）測定結果分析方法
- 各カテゴリー、各次調波電圧含有率ごとに、測定された全データを統計処理し、「平均値」と「平均値＋2σ」を算定。この2つの数値により年度推移トレンドを評価。ただしσは標準偏差で、「平均値＋2σ」とは、測定データが正規分布の場合、97.7％のデータがこの値以下になる数値。
- 例えば、「6kV系統住宅地域」の第5次調波電圧含有率データは、毎正時・5日間の測定で、測定箇所数が10か所なので、24個／日×5日間×10か所＝1,200個。これを正規分布とみなして統計処理し、「平均値」と「平均値＋2σ」を算定。

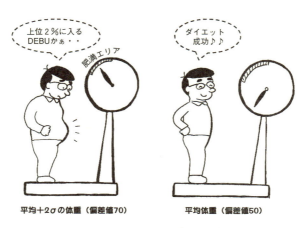

「平均値＋2σ」とは偏差値70のこと

　以上が詳細な測定条件です。
　特にポイントとなるのは、一般的な年度推移トレンド把握のために、障害発生の報告されていない地点を選定しているということです。従って、測定結果の数値（特に平均値）だけを見て、「この程度の高調波電圧歪みで障害が発生するはずがないのにおかしい。」と評価するのは誤りだということです。実際に障害が発生した地点では、これよりはるかに大きな数値が観測されています。
　また、「平均値」と「平均値＋2σ」の両方で評価するのは、後者が統計処理により「比較的厳しい数値の代表」あるいは「大部分をカバーする数値」として使用されることが多いためです。
　ちなみに、標準偏差σには馴染みがなくても、「平均値」「平均値＋σ」「平均値＋2σ」が、それぞれ「偏差値50」「偏差値60」「偏差値70」のことだ、とご説明すれば、受験勉強の経験者ならよくご理解頂けるでしょう。つまり「平均値＋2σ」とは、そういった意味合いの数値です。

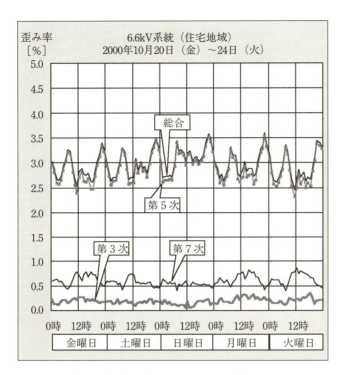

〔図11〕高調波電圧歪み時間変化の例

2—2 一般的傾向

　図11は2000年の測定結果の一例で、測定期間5日間にわたる高調波電圧歪みの時間的変化を示したものです。これは、カテゴリー①の6kV系統住宅地域に属する、ある変電所の測定例であり、統計処理前の生データですが、一般的傾向を代表するものですので、これに基づいて解説します。

　まず、一見して総合電圧歪み率と第5次調波電圧がほぼ等しい、すなわち第5次が支配的であることがわかります。これに続くのが第7次、第3次で、その他の次数（9、11、13、15次）は無視できるほど小さいので、図から省略しています。

　次に高調波電圧歪みは時間とともに大きく変化しており、その変化パターンは平日と休日で異なることがわかります。

　時間的には、午前8時頃と夜10時頃にピークが見られます。また、休日

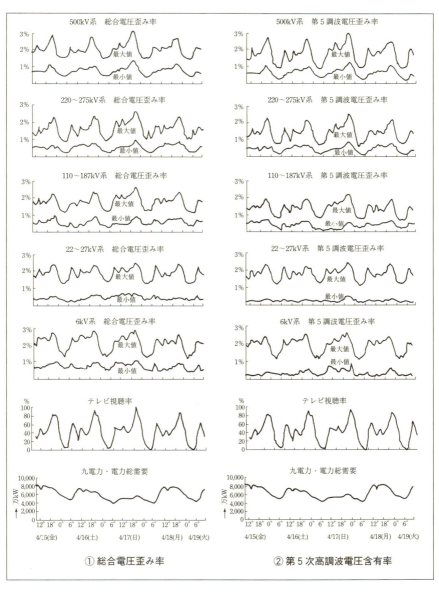

〔図12〕過去の実測例（1988年4月15日～19日）
[出典：電気協同研究第46巻2号「電力系統における高調波とその対策」
（1990年6月）]

の昼間は全般的に平日の昼間よりも電圧歪みが大きくなる傾向があります。

これは、特に住宅地域では一般的な傾向ですが、大型の非線形負荷が存在する地域などでは、それら高調波発生源の操業状態によりこれと異なる傾向となる場合があります。

以上は一般的傾向ですが、電圧歪み率の数値に着目すると、図11の例では3％前後で推移しております。これは特別高圧系統の環境目標レベル3％を時間帯によってはクリアしていませんが、6kV配電系統の環境目標レベル5％は測定期間全般でクリアしており、特に問題ありません（これは障害のない地点ですから当然とも言えます）。

2—3　（参考）過去の実測例

図12は、電事連大での定期的な測定がスタートする6年前、1988年4月に実施された全国一斉測定の結果の一例です。測定条件は、前記の定期的測定とほぼ同じです。ここでは多数の測定箇所のデータのうち最大値と最小値を表示しております。

前項で述べた一般的な傾向、すなわち第5次調波が支配的（左右の図が近似）であること、および時間的な変化が顕著であることは、この時点から見られることがわかります。

特にこの図では、高調波電圧歪みの時間変化パターンが、電力総需要よりもテレビ視聴率の時間変化パターンと近似している点に注目して下さい。この点は2—5項で解説します。

2—4　一般的傾向の分析（その1）：第5次調波が支配的な理由

まず、第4章で代表的な電源回路や機器の高調波電流含有率を紹介しました（表9、表10）が、高い次数になるほど含有率が小さい傾向がありましたね。従って第11次や第13次は相対的に含有率が小さくなります。

ではなぜ第3次ではなく、第5次電圧含有率の方が大きく観測されるのでしょうか。その理由は次のとおりです。

電力系統内には目的に応じて様々な電圧階級が混在しており、従って異なる電圧の回路を接続するために変圧器が多数存在しています。その中には巻線の結線がデルタ型（△巻線）のものも多く、第3次、第9次、第15次など「3の倍数」の次数の高調波電流はその△巻線内を環流する

△巻線は「3の倍数高調波」のブラックホール！

性質があるため、これら次数の高調波電圧歪みは一般に小さくなる傾向があります。

このため、第3次調波は電流としての発生量は多くても、電圧歪み率は大きくなりません。

以上をまとめると、「低次ほど発生量が多いが、第3次は電力系統内で減衰する」ことが、第5次調波電圧が電力系統内で一般的に支配的となる要因です（ちなみに、第2次、第4次…などの偶数次高調波は、正弦波の上下対称な制御を行っている限り理論的には発生しませんので、問題となるケースは稀です）。

なお、余談になりますが、我が国の低圧系統（単相3線式）と異なり、中性線を持つ三相4線式低圧系統を採用する欧州では、各相の第3次高調波電流がすべて中性線に合流するため、中性線で熱的な障害を引き起こすことが懸念されています。我が国ではそのような現象はありませんので、第4章で述べた「高調波の影響」では、そのことには触れませんでした。

ここで申し上げたいのは、欧州では第3次調波による影響が大きな問題になり得るが、我が国ではそうではなく、第5次調波による影響が主体である、ということです。

2−5　一般的傾向の分析（その2）：テレビ視聴率との相関

前記のとおり、図12は電圧歪みとテレビ視聴率との関連を示唆していますが、より定量的にその相関関係（相関係数）をプロットしたのが図13です。

図12、図13の出典元である電協研報告書では、「テレビ視聴率と総合電圧歪み率との相関係数は、概ね0.6以上に分布しており、0.8以上が約

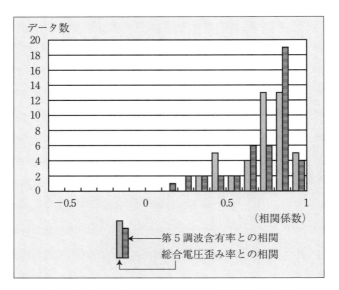

〔図13〕高調波電圧歪みとテレビ視聴率の相関
（電協研報告、1988年データ）

40％を占めている」と解説されています。

　このことは、一般的な電力系統における高調波電圧歪みの主要因は、広く普及しているテレビから発生する第5次高調波電流である可能性が高いことを強く示唆しています。

　以上は、今から15年以上前の1988年のデータを基にした推定ですが、最近ではどうでしょうか？

　図14は、2001年の高調波電圧歪み実測結果とテレビ視聴率の相関を、電気事業連合会で調査したものです。

　図13から13年が経過していますが、傾向は明らかに変化しています。すなわち、相関が依然存在することは事実ですが、全体に相関係数が図13と比較して小さくなっています。これは、テレビだけが高調波電圧歪みの主要因ではなくなってきていることを示唆していると考えられます。

　その理由は何でしょうか？　読者のご家庭にある家電機器を思い浮かべて頂ければ、ほぼ明確に推測できるのではないでしょうか？　つまり、ここ10年ほどでインバータを利用した高効率機器（エアコン、冷蔵庫、

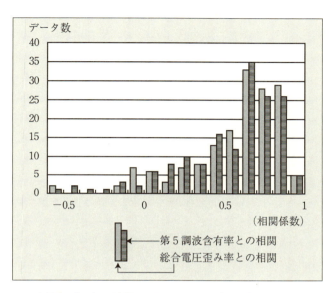

〔図14〕高調波電圧歪みとテレビ視聴率の相関
（電事連調査、2001年データ）

照明器具その他）やパソコンの普及が顕著になってきたためでしょう。
　例えば、JEITA（社団法人　電子情報技術産業協会）のホームページ（http://it.jeita.or.jp）によると、パソコンの国内出荷台数は1990年頃には年間200万台程度ですが、2000年以降は年間1,000万台を超過し、テレビの出荷台数を上回っています。
　また、最近ではエアコンや冷蔵庫もその多くがインバータ化されていることは、電器店でご覧になるとおりで、これも1988年当時とは大きく状況が異なります。
　こういった状況から、電力系統の高調波電圧歪みに影響を与える高調波電流発生源が以前よりも多様化してきていることが容易に想像され、図13と図14はそのことを裏付けるデータと言えます。
　また、もう一つの理由として、1994年に発効した「家電・汎用品高調波抑制対策ガイドライン」に基づいた対策が多くの家電機器を対象に実施されており、テレビ一台当たりの高調波電流発生量も減少していることが挙げられます。

3．年度推移（トレンド）
3－1　概要

　図15～図18は、電気事業連合会で調査した1994年から2003年までの10年間にわたる高調波電圧歪み測定結果を示したものです。

　図15～図18は本章2－1項で説明した各カテゴリー、つまり①6kV系統住宅地域、②6kV系統商工業地域、③22～154kV特別高圧系統、④187～500kV超高圧系統、の各々の総合電圧歪み率測定結果で、それぞれ全国の電力会社で測定された生データを統計的に処理した結果を示しています。

　本章2－2項の「一般的傾向」で解説したとおり、第5次高調波電圧が支配的、すなわち総合電圧歪み率とほぼ同じ図になり、他の次数はこれと比較して小さいので、本節では総合電圧歪み率のみを図示しております。

　図の中にはトレンドを示すために、平均一次回帰直線とその傾きも表示してあります。

　具体的には例えば、図15で「前年度－0.04→－0.04％／年」と示してありますが、これは2002年までの実測結果（1994年～2002年）のトレンドが－0.04％／年であり、2003年までの実測結果（1994年～2003年）のトレンドも同じ数値になったことを意味しています。

　この場合、2003年の実測結果が前年までのトレンドどおりのものであったことになります。

　また、ここでの「－0.04％／年」とは、例えば10年間で高調波電圧歪み率が2.4％から2％に減少したという意味です（注：本来は「％／年」表記ではなく「ポイント／年」表記の方が誤解を招かず正確かもしれませんが、わかりやすさを優先してこの表記としております。ご了承下さい）。

3－2　全体的傾向

　まず、図15および図16の6kV系統については、「平均」値、「平均＋2σ」値ともに、環境目標レベルである総合電圧歪み率5％を下回っています。ただし、2節で解説したとおり、これは特に高調波による障害が報告されていない一般的な系統における測定結果であることには注意が必要です。

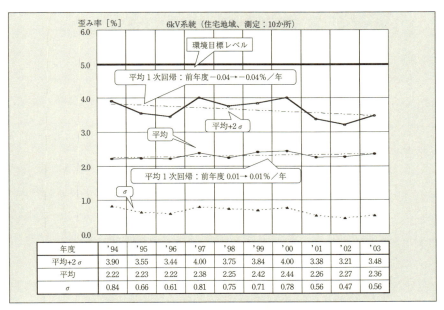

〔図15〕6kV系統（住宅地域）の高調波電圧歪みの推移

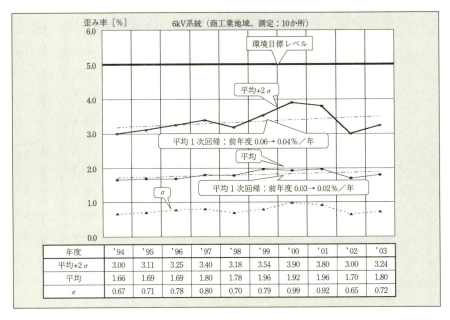

〔図16〕6kV系統（商工業地域）の高調波電圧歪みの推移

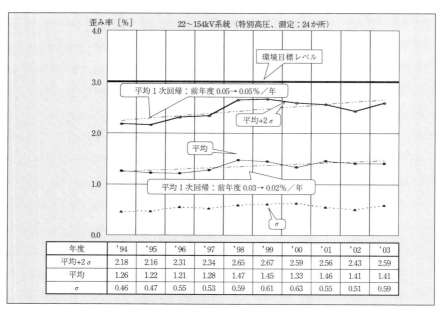

〔図17〕特別高圧系統の高調波電圧歪みの推移

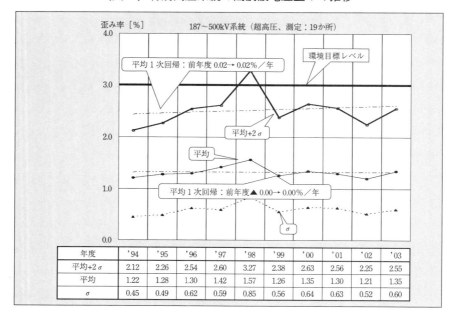

〔図18〕超高圧系統の高調波電圧歪みの推移

一方、図17（特別高圧系統）、図18（超高圧系統）においては、「平均＋2σ」値がほぼ環境目標レベルである電圧総合歪み率3％に近い水準にあります。

　後述の表11（P74）は、各カテゴリーの年度推移トレンドを数値でまとめたものです。

　これによると、細かくグラフで見れば年度ごと、カテゴリーごとにそれなりにばらつきは観測されるものの、全体としてはいずれのカテゴリーにおいてもほぼ横ばいか微増の傾向にあることがわかります。

　ちなみに、このようなトレンドは2種類の高調波抑制対策ガイドラインが発効し、全国規模の測定を毎年行うようになった1994年以前と比較するとどうでしょうか。

　例によって電気協同研究第46巻第2号「電力系統における高調波とその対策」から次の文章を引用します。

　『（昭和63年4月の測定結果について）各電圧階級とも、総合電圧歪み率は2.5％～3％程度であり、前回調査結果（昭和58年10月）に比べて0.5ポイント程度増加している』

　また、同書での昭和63年（1988年）4月の測定結果と比較すると、1994年の測定結果は全体としてやはり0.5ポイント程度増加しています。

　以上から、1994年まではおおまかに言えば全体として総合電圧歪み率0.1％／年程度の増加傾向を示していたということです。

　実は、高調波規格に関する国際会議IEC/SC77A/WG1において、欧州各国の測定結果でも、ばらつきはあっても全体としてはやはり0.1％／年程度の増加傾向にあることがいろいろな提出資料によって示されており、我が国のデータをプレゼンテーションした際に各委員が、欧州と似たような傾向であると納得していました。

　各国の状況はかなり異なりますのでこのような一致が偶然か必然かは言い切れませんが、家庭で使われる非線形機器（インバータ利用の高効率機器やパソコン、TVなど）の増加に伴って、高調波環境が0.1％／年程度の割合で悪化している傾向は、国により大差がないことを示していると考えられます。

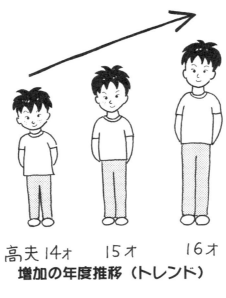

高夫 14才　15才　16才
増加の年度推移（トレンド）

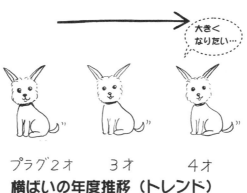

プラグ 2才　3才　4才
横ばいの年度推移（トレンド）

　従って、1994年以降の伸び率がこれを大きく下回っているのは、まさしく高調波抑制対策ガイドラインの効果が明確に現われていると見ることができると思います。
　これについては次節でより詳細に解説します。

4．年度推移の詳細分析
4－1　電協研報告による「将来予測」

　総合電圧歪み率のトレンドを分析するにあたり、前述の電協研報告における「将来予測」を紹介します。

　これは1990年当時の最新技術と詳細データを用いてシミュレーションされたもので、これ以上精度の高い高調波環境の将来予測がなされたことは、おそらく世界的に見ても例がありません。

　図19は同報告書から抜粋したもので、
　（ケース1）1993年に対策開始
　（ケース2）1997年に対策開始
の2ケースについて、工場地域および大都市住宅地域の配電線末端における総合電圧歪み率をシミュレーションしたものです。

　高調波電圧は前述したとおり時間的に大きく変化しますが、ここでは各々の地域において電圧歪み率が大きくなると想定される時間帯が選定されています。すなわち、工場地域ではほぼすべての工場がフル稼働状態にある平日14時断面、大都市住宅地域では多くの人が家庭でテレビを見ている休日20時断面です。

　図中で、「家電25％、特定50％抑制」などとあるのは、当時から低圧家電・汎用品の高調波抑制対策と特定需要家（高圧・特別高圧で受電する需要家）に設置される大型機器の高調波抑制対策は区別して考えられており、前者から発生する高調波電流を25％、また後者から発生する高調波電流を50％抑制した場合を想定してシミュレーションがなされたことを表わしています。

　図からわかるとおり、対策せずに野放しにしたケース（無対策）に加えて、「家電25％、特定25％抑制」「家電25％、特定50％抑制」「家電50％、特定50％抑制」の3ケースがシミュレーションされました。

　まず住宅地域では、無対策の場合は前節で述べたように概ね0.1％／年程度で増加しますが、「家電25％、特定50％抑制」でほぼ横ばい、「家電50％、特定50％抑制」では現状（1990年頃）よりかなり改善されることになります。

15年前の「将来予測」（？）
— 普通は当たらないが…

　一方工場地域では、無対策の場合は住宅地域よりもはるかに高い割合、すなわち0.3％／年程度の伸び率で高調波電圧歪み率が増加することが予測されておりますが、やはり「家電25％、特定50％抑制」でほぼ横ばいに抑えられることがわかります。

　住宅地域よりも伸び率が大きいのは、汎用インバータ等を利用した高効率機器が工場で急速に普及してくることが当時の機器出荷統計や予測などから想定されたためと思われます。そこで、このような機器は家電機器よりも厳しく抑制（発生高調波電流の50％）しなければ、高調波電圧歪み率を横ばいに抑えられないという結果になっています。

電協研報告書においては、『現時点で障害が各地域において報告されているものの、社会全体に大きな脅威を与えるまでには至っていない。しかしながらこのまま放置すれば将来深刻な脅威となることが予測されるため、早急に対策を開始することが望ましい。当面、20年後（2010年頃）の将来において、（深刻な脅威とまではなっていない）現在のレベルに維持できていることを目標とする。』とのスタンスで記述されています。

　このスタンスと図19のシミュレーション結果に基づき、『家電・汎用品は現状の高調波電流の25％を抑制、また特定需要家は現状の50％を抑制する。』ことを目標として早急に対策を開始することが提言されました。

　それでも実際に対策が開始されるまでには、同報告発行から4年後の1994年に不幸にも発生した人身事故という大きな転機が必要であったわけですが、1994年10月に発効した2種類のガイドライン、すなわち「家電・汎用品高調波抑制対策ガイドライン」と「高圧及び特別高圧で受電する需要家の高調波抑制対策ガイドライン」（通称「特定需要家ガイドライン」）は、まさにこの報告書の提言どおりの内容でした。

　従って、両ガイドラインの効果を検証する意味では、この時の「将来予測」と、現実の実測結果を比較することが非常に有効であるということがご理解頂けるかと思います。

4－2　「将来予測」と実測結果の比較

　将来予測（図19）は6kV配電系統の住宅地域と工場地域を対象としています。これは実測結果（図15～図18）のカテゴリーで言えば、前者が図15の6kV系統（住宅地域）、そして後者が図16の6kV系統（商工業地域）にほぼ該当します。

　厳密には同じ6kV配電系統でも、将来予測は配電線末端部、実測結果は変電所送り出し母線におけるもので、観測地点が異なるのですが、年度推移トレンドを議論する場合、この違いを問題にする必要はありません。

　また、後者は「商業」が加わる点でやや違いますが、厳密に工場地域

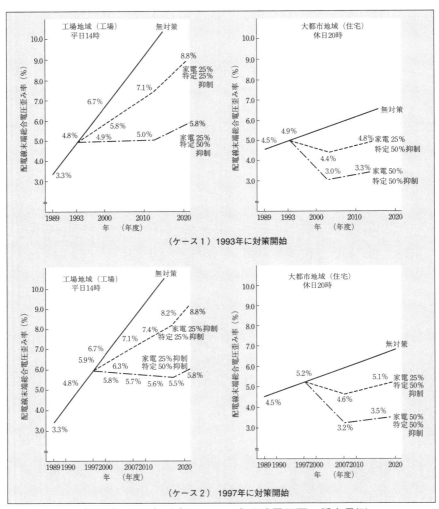

〔図19〕1990年時点における高調波電圧歪み将来予測
[出展：電気協同研究第46巻第2号「電力系統における高調波とその対策」、
（1990年6月）]

だけを供給区域とした配電線は限られるので、より多くのデータが必要となる実測においては「商工業地域」とのカテゴリー分類はやむを得ないと考えます。その意味で図15、図16が図19に「ほぼ該当します」と表現しました。

さらに、将来予測シミュレーションにおいては、平均的な地点というよりやや厳しめの地点を想定しておりますので、これは図15、図16の「平均」値ではなく「平均＋2σ」値との比較が妥当と考えられます。

　さて、図15、図16と図19を見比べて頂ければ、実測値がほぼ横ばいという結果は、将来予測の「家電25％、特定50％抑制」に近似していることがわかります。

　表11と表12を比較すれば、そのことが数値的により明確になります。

　すなわち、表11（実測結果）の住宅地域において、「平均＋2σ」値の伸び率は－0.04％／年であり、これは表12（将来予測）の住宅地域における「1993年から対策の場合は－0.05％／年、1997年から対策の場合は－0.01％／年」の間にちょうど位置する数値です。実際の対策が1994年から開始されたことを考慮すれば、平均伸び率はまさに予測どおり（!!）の実績が観測されたことになります。

　また、表11の商工業地域において、「平均＋2σ」値の伸び率は0.04％／年であり、これも表12（将来予測）の工場地域における「1993年から対策の場合は0.01％／年、1997年から対策の場合は0.1％／年」の間にちょうど位置（!!）する数値です。

　これらの結果は、言うまでもありませんが、膨大な実測データを統計的に処理（毎年の「平均＋2σ」値の平均1次回帰値）したものであって、何ら恣意的な処理を加えたものではありません。

4－3　高調波抑制対策ガイドラインの効果

　以上、電力系統における総合電圧歪み率の10年間にわたるトレンドが、1990年に発行された電協研報告における将来予測結果と比較して、全体にほぼ一致することが明らかになりました。

　では、2種類のガイドラインと実測結果の関連はどうでしょうか。

　常識的に需要家構成とそこで使用される機器を考えると、「家電・汎用品ガイドライン」は住宅地域の高調波環境への、また「特定需要家ガイドライン」は商工業地域の高調波環境への影響がより大きいことが想定されます。

　そこで、いずれかの地域だけが将来予測結果に合致し、そうでない地

〔表11〕1994年～2003年9か年の高調波電圧歪みの年平均伸び率（実測結果）

	「平均値」の平均伸び率	「平均値+2σ」の平均伸び率
6kV系統（住宅地域）	0.01％／年	−0.04％／年
6kV系統（商工業地域）	0.02％／年	0.04％／年
特高系統（22～154kV）	0.02％／年	0.05％／年
超高圧系統（187～500kV）	0.00％／年	0.02％／年

〔表12〕1993年～2003年10か年の高調波電圧歪みの年平均伸び率（1990年予測値）

	無対策時	家電25％、特定50％抑制時	
		1993年から対策	1997年から対策
大都市地域（住宅） 6kV系、休日20時	0.07％／年 (4.9→5.6％)	−0.05％／年 (4.9→4.4％)	−0.01％／年 (4.9→4.8％)
工場地域（工場） 6kV系、平日14時	0.27％／年 (4.8→7.5％)	0.01％／年 (4.8→4.9％)	0.1％／年 (4.8→5.8％)

(注) 電気協同研究第46巻第2号「電力系統の高調波とその対策」（1990年）の第6-1-2図（本稿の図19）から読み取って試算したもの

域では予測と合致しないのであれば、両ガイドラインの実施状況に偏りがあることになります。

ところが実際には、住宅地域、（商）工業地域ともに実測されたトレンドが将来予測の数値に合致していることから、これら2種類のガイドラインの対策が着実に実施されてきたと評価できると考えられます。

5. 年度推移（トレンド）まとめ

前述したように、電力系統における高調波電圧歪み率を定期的・継続的に実測するのは、一般的な電力品質モニタリングだけが目的ではなく、国内の高調波関連規格（ガイドライン等）の有効性検証や、改定検討を行う場合の基本データとしての活用も重要な目的です。

その観点から、第3～4節では、過去に行われた精度の高い高調波環境将来予測との詳細な比較分析を試みました。

その結果、以下のような点が明らかになりました。
- 2種類のガイドラインが発効した1994年までは諸外国と同じく、総合電圧歪み率0.1％／年程度の伸び率で高調波環境が悪化してきたが、

1994年以降は伸びが鈍化し、ほぼ横ばい（6kV住宅地域では微減、6kV商工業地域や特高系統では微増）のトレンドとなっている。
- これは、住宅地域に主に影響を及ぼす「家電・汎用品高調波抑制対策ガイドライン」、商工業地域に主に影響を及ぼす「特定需要家ガイドライン」に記された対策の実施を前提にした将来予測シミュレーション結果（家電25％、特定50％の抑制）とほぼ完全に一致している。
- 従って、これまでの実測結果からは、いずれのガイドラインも、1994年以降着実に実行されてきたと評価される。
- その結果、もしも無対策で放置していればすでに環境目標レベルを超過しているであろう現時点においても、「平均＋2σ」値で、まだ環境目標レベルに余裕がある。

　なお、第3〜4節の解説は、毎年10月に実施される全国大の高調波測定の結果をベースにした議論でしたが、高調波発生源となる多くの機器の中には、エアコンのように季節的にこの時期に使用される頻度が少なく、従ってこの測定だけでは高調波対策実施の効果が検証できないものもあります。
　そこで第6〜7節では、10月以外の夏季、冬季、年末年始、ゴールデンウィーク、旧盆など年間を通した測定結果の紹介と、このような季節別の高調波環境に関する分析を行います。

6．季節で大きく異なる電力需要

電力需要は季節により大きく変化します。これは読者の皆様の生活を考えて頂ければ容易に想像できるでしょう。

図20は、九州電力における季節別、時間帯別の電力需要の例です。

一見して明らかなように、冷房機器が多く使われる夏場に、電力需要は年間のピークを記録します。また、暖房機器が多く使われる冬場も、空調機器の稼動が少ない春や秋に比べて、需要が増加します。

おおざっぱに言えば、図20の「夏」曲線と「春」曲線の差が電気を使う冷房の需要であり、夏季ピーク時の電力需要のおよそ4割が相当することになります。

また同様に、「冬」曲線と「春」曲線の差が電気を使う暖房の需要と言えます。

冷房需要の多くが電気を使うエアコンであるのに対し、暖房需要はエアコンや電気ストーブ、こたつなど電気機器だけでなく、灯油やガスなど他のエネルギー源によるものが多いことが、夏と冬の差として表われているとみることができます。

ちなみに、九州電力においては、昭和43年頃までは冬の電力需要の方が夏より大きかったのですが、エアコンの普及に伴い夏と冬が逆転して現在に至っています。また、北海道や北欧などでは、現在も冬場の電力需要が年間のピークを記録しています。その理由が気象条件と暖房・冷房の必要度の違いによるものであることは明らかです。

さらに、「冬」曲線と「正月」曲線の差は、年末年始に休止する工場などの産業需要を表わすものと考えることができるでしょう。

このように、電力需要曲線は、社会や人々の活動を反映していることがご理解頂けたことと思います。

7．季節別高調波電圧歪み率の実測結果

7－1　測定の目的

電力系統の高調波レベルを測定する目的は、前述したように、電力会社としての品質管理としてだけでなく、関係者（行政、需要家、機器製

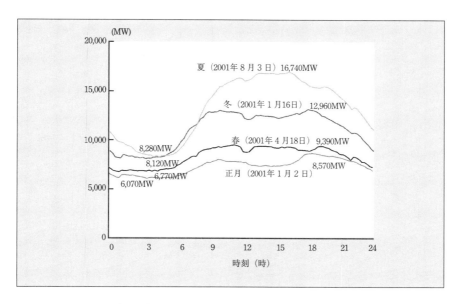

〔図20〕季節別の電力需要（九州電力の例）

造者および電力会社）が協力して高調波問題に対応していくための基礎データを収集し、分析に基づいて高調波関連規格の整備・フォローを行うためです。

　前述した年度推移によりこの目的のかなりを達成することができていると考えますが、季節によって電力需要パターンは大きく異なっており、機器によってはエアコンのように10月の測定だけでは高調波環境に与える影響がわからないものもあります。

　そこで、電気事業連合会では、2000年度から一部の系統において、年間のいくつかの断面で高調波電圧歪み率を測定してきました。その結果について以下に解説します。

7－2　測定条件

　電力系統における高調波測定は大別して、

　①変電所や配電線、需要家構内などに測定器を常置しての常時モニタリング

　②必要の都度、該当箇所に測定器を臨時に設置して測定

季節により違う電力需要

の2通りがあり、各々一長一短あります。

　例えば①は、一旦測定器を設置すれば手間もかからず、長時間のデータが得られることに加えて、障害発生時にも実際に障害が発生したと思われる時点のデータが残っているという利点があります。

　一方では測定器を全箇所に常時設置するには費用がかかりすぎる上に、メンテナンスやデータ管理の問題もあります。

　我が国で主に障害が発生しているのは6kVの配電系統ですが、全国の変電所の6kV配電線を送り出す母線（Bus）だけで2万か所以上あるという事実だけでも、全箇所の常時モニタリングは現実的でないことがご理解頂けるかと思います。

　従って、実際には①②を併用しているのが現状です。

　本章で解説してきた全電力会社による同時期測定についても、実は測定箇所によって①と②が混在していますが、②は測定の都度かなりの労力と費用を要しますので、これから解説する季節別測定においては、①の常時モニタリング箇所から測定箇所を選定しています。

この点が、年度推移トレンド測定と測定条件が異なる点で、その他の条件については本章2－1項で説明したのとほぼ同じです。

（1）測定箇所

年度推移トレンドで説明したカテゴリー③「22〜154kV特別高圧系統」24か所のうち測定器常置箇所7か所と、カテゴリー④「187〜500kV超高圧系統」19か所のうち測定器常置箇所8か所において測定した結果について分析しています。

従って、特に障害が報告されていない一般的な系統から測定地点が選定されていることは変わりありません。

（2）測定期間、インターバル

年度推移トレンドのデータとなる10月の他に、代表的な時期として以下の時期に測定しています。

- ●ゴールデンウィーク期間（春の低需要断面）
- ●夏季ピーク時期（8月、年間最大需要断面）
- ●旧盆期間（夏の低需要断面）
- ●年末年始（年間最低需要断面）
- ●冬季ピーク時期（2月、夏季以外の高需要断面）

測定の日数は10月と同じく5日間、測定インターバルも10月と同じく1時間（毎正時測定）です。

（3）測定要素

10月と同じく、第3次、第5次、第7次、第9次、第11次、第13次、第15次電圧含有率および総合電圧歪み率（THD）です。

（4）測定機器

変電所に常置して、高調波環境を常時モニタリングしている測定器で、方式としてはすべてA/Dサンプリング・フーリエ解析方式です。10月の測定と同一品です。

（5）測定結果分析方法

これも2－1項で解説した10月の測定と同じで、カテゴリー、各次調波電圧含有率ごとに、測定された全データを統計処理し、「平均値」と「平均値＋2σ」を算定して傾向を分析しました。

7―3 測定結果

図21および図22に両カテゴリーの測定結果を示します。

これで明らかなことは、年間の代表的な6断面を通じて高調波電圧歪み率に大きな差異は見られない、ということです。

表13はそのことを数値化したもので、各断面の「平均値＋2σ」の数値を平均したものです。

これによると、年度推移トレンドで採用する10月断面の数値がやや小さいことを除けば、その他の断面ではほとんど差がないことがわかります。

測定箇所数はそれほど多くないのですが、例えば超高圧系統では24（時間）×5（日間）×8（か所）×4（か年）＝3,840個のデータを統計処理した結果が、表13中の各々の数値になっていますので、「年間の代表的な断面における測定結果からは、高調波環境の季節的変化はそれほど大きくない。」との結論にはそれなりの意味があると思います。

この結果をどう見るか、を考える前に、電力需要の大小と高調波電圧歪み率の間の一般的な関係について説明しておくことにします。

8．電力需要と高調波電圧歪み率の関係
8―1　一般的傾向

図23は、第4章で解説した高調波回路計算の基礎（図8）を再掲したものです。

図から、電力系統の第n次高調波電圧歪みV_nは、電流源（高調波電流発生機器）から発生する高調波電流I_nに、その機器から系統側（機器の専門家は「電源側」と呼んでおられるようですが）を眺めた第n次調波インピーダンスの合計値「n×($Z+Z_0$)」を乗じたもので表わされることがわかります。これは単純なオームの法則そのものです。

従って、高調波電圧歪みの大小は高調波電流の発生量と系統側インピーダンスに依存します。これは極めて単純かつ当然のことですが、ここでの議論には非常に重要です。

次に、電力需要の大小と系統側インピーダンスの関係ですが、需要が

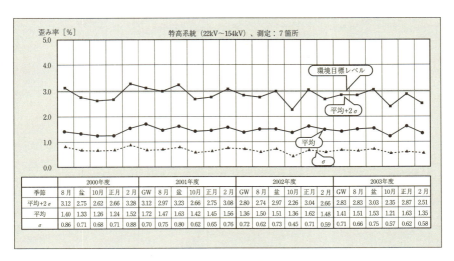

〔図21〕特別高圧系統の高調波電圧歪みの季節推移

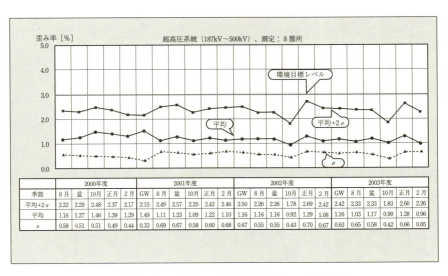

〔図22〕超高圧系統の高調波電圧歪みの季節推移

大きければ当然のことながら発電機もそれだけたくさん動いていることになります。すると発電機の台数が多いほど発電機の内部リアクタンスが並列に接続されることになるため、図23のZ_Gが小さくなります（これは別の言い方をすれば、発電機の台数が多いほど短絡電流が増大する、ということです）。

その結果、高調波電流発生量I_nが一定なら、Z_Gの減少に伴い、V_nが減

〔表13〕季節別の高調波電圧歪み率比較

(単位：%)

	ゴールデンウィーク	夏季ピーク(8月)	旧盆期間(8月)	10月	年末年始(正月)	冬季ピーク(2月)
特別高圧系統	2.92	2.92	3.00	2.47	2.83	2.88
超高圧系統	2.36	2.35	2.36	2.09	2.52	2.33

(注) 総合電圧歪み率の「平均＋2σ」値の4ヵ年平均値

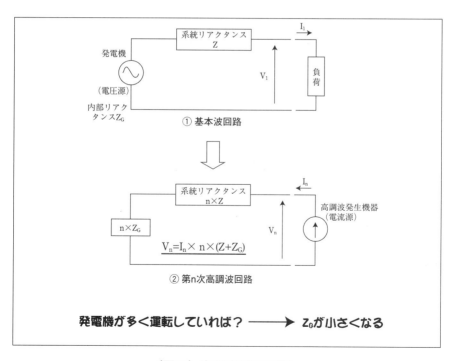

〔図23〕高調波電圧の発生

少する結果になります。

　すなわち、「高調波電流の発生量が同じならば、電力需要が大きいとき、つまり系統側のインピーダンスが小さいときには、高調波電圧歪み率が小さくなる」との一般的結論を導くことができます。もちろん、この逆も言えます。

　この実例を外国の例で解説しましょう。

8—2　ロンドンとドイツの例（IEC/SC77A/WG1における議論）

　高調波に関する国際規格策定のための議論を行う国際会議がIEC/SC77A/WG1で、筆者も5年間委員を務めましたが、2002年に開催された同会議において、本稿に関連する興味深い議論が行われましたので、紹介します。

　「電力需要の大小と高調波電圧歪み率の関係はどうか？」という、まさに本稿のテーマそのものの議論が行われた際に、ロンドンとドイツの相反するデータが話題となりました。

　つまり、ロンドンでは「電力需要が大きいときの方が高調波電圧歪み率は大きい」というデータが提出され、一方では、ドイツにおいて「電力需要が大きいときの方が高調波電圧歪み率は小さい」という、ロンドンと全く逆のデータが提出されました。

　前項の議論によれば、ドイツの結果が正しく、ロンドンの結果が誤りのようですが、さて？？

　実際にはどちらも正しいデータなのです。そのポイントは前項で解説した一般的傾向の中の、「高調波電流の発生量が同じならば」という前提にあります。

　実はロンドンのデータは中心部のオフィス街のもので、電力需要のかなりの部分をパソコンなどのIT機器が占めていることがわかっています。これらは当然典型的な非線形機器であり、高調波電流の発生源です。つまり電力需要が大きいときは、IT機器の稼動率も高いために高調波電流の発生量も大きく、従って「高調波電流の発生量が同じならば」との前提が全くあてはまらない状況にあります。

　この場合、電力需要が大きいことによる系統インピーダンス減少の効

果よりも、高調波電流発生量増大の影響が上回ったと理解されます。

　一方、ドイツのデータは寒冷地の冬季のもので、しかも当該地区ではインバータエアコンがほとんど普及しておらず、主要な暖房機器は線形負荷で高調波電流を発生しないヒータだということがわかっています。

　この場合は、暖房需要で電力需要が押し上げられているので、電力需要が大きくなっても高調波電流の発生量はさほど変わりません。すなわち「高調波電流の発生量が同じならば」との前提に合致する条件と言えますので、前項の一般的傾向があてはまります。

　以上の考察により、ロンドンとドイツにおける一見して相反するデータを矛盾なく説明できますし、前項の一般的な傾向が裏付けられていると考えられます。

9．季節別測定結果の分析

　さて、以上を踏まえて季節別の高調波電圧歪み率の分析を行います。

　本章の第6節から、「社会や人々の活動を反映して季節別の電力需要には大きな差がある」ことと、「夏季ピーク時点の電力需要のうちエアコンによる冷房需要が約4割を占める」ことがわかりました。

　次に第7節から、「年間の代表的な断面における測定結果からは、高調波環境の季節的変化はそれほど大きくない。」ことがわかりました。

　最後に第8節からは、「高調波電流の発生量が同じならば、電力需要が大きいとき、つまり系統側のインピーダンスが小さいときには、高調波電圧歪み率が小さくなる。」との一般的結論が得られました。

　さらに、インバータを使用しない昔のエアコンは高調波電流の発生が少なかったのですが、最近のエアコンは大半がインバータタイプであることは、読者の皆様が電器店に行かれればすぐにわかります。

　以上を総合すると、次の結論が導けます。

●最も電力需要が大きい夏季ピーク断面において、高調波電流発生量が他の時期と同じならば高調波電圧歪み率は小さくなるはずであるが、実測結果によると歪み率の数値に差がない。これは、この時期の電力需要を押し上げているエアコン（インバータタイプ）から、相当量の

高調波電流が発生していることを示している。
- しかしながら、ロンドンにおけるIT機器ほどの影響はない。つまり、電力需要増大に伴う系統インピーダンス減少効果と高調波電流発生量増大の影響がほぼ相殺されている。
- このことから、エアコンの高調波抑制対策(具体的には「家電・汎用品高調波抑制ガイドライン(現JIS C61000-3-2)」の遵守)の効果により、エアコン高稼動時期において高調波電圧歪み率が他の時期より大きくなっていないと考えられる。

以上、最もわかりやすい例として夏季ピーク時期とその時期に高稼働となるエアコンの関係を考察しましたが、その他の季節においても高調波電圧歪み率に大差がないことから、季節的に使用される電気機器の中に、特に高調波環境に悪影響を与えるものはない(発生量の大きい機器はそれなりの対策を施している)と言えます。

以上、我が国の電力系統における高調波電圧歪み率の実態について解説してきました。機器側からみた高調波の発生とその対策については、「月刊EMC」記事も含めていろいろなところで解説されてきましたが、系統側の実態についてのこのような解説は珍しいと思います。

10. 障害実態調査結果
10—1　全体的傾向

図24は、電気事業連合会から、電力系統の高調波電圧歪み率とあわせてIEC/SC77A国内委員会に報告されたもので、障害実態調査結果の年度推移を示したものです。

まずお断りしておきたいのは、これらはあくまでも電力会社で把握した範囲内の障害であり、電力会社に相談されずに対処したケースは含まれないことにご注意頂きたいということです。

まず図24から読み取れる全体的な年度推移傾向ですが、2種類の高調波抑制対策ガイドラインが発効した1994年以降、数年間は漸増傾向を示していましたが、1999年頃からここ数年は逆に漸減傾向が見られます。

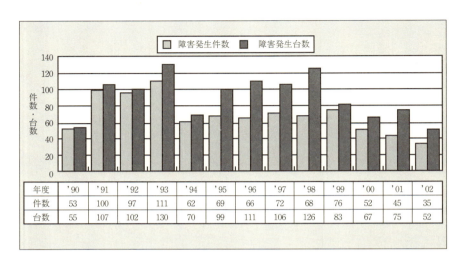

〔図24〕 高調波によると思われる障害の件数と台数の年度

なお、図24を見ると1994年に前年から件数が激減していることが目に付きますが、このことを、ガイドラインの効果が初年度から顕著に現われた結果と説明するのは無理のようです。次節で詳しく述べますが、ガイドラインによる対策の効果が直ちに現われるわけではありません。

ではなぜ？ ということですが、実態調査を行ってきた電気事業連合会では、次のように想定しています。

『1994年に発生した公衆傷害事故が新聞などで大きく取り上げられ、またこれを契機に高調波抑制対策ガイドラインが制定されたことにより、一般（特に電気技術者）に高調波問題が広く認識された結果、

　①それまで障害発生時に電力会社に対してなされていた相談が直接フィルタメーカなどに向けられるケースが増加

　②設備を管理する電気主任技術者等が事前にコンデンサ開放や保護リレー整定変更などの自衛手段を講じるケースが増加

したため、電力会社に報告される障害件数が減少したのではないか。』

10—2　障害の内訳

次に図25は、図24と同様に電気事業連合会からIEC/SC77A国内委員会に報告されたもので、2002年度の障害の内訳を示したものです。

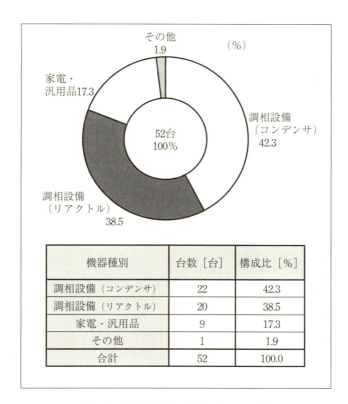

〔図25〕障害機器の内訳（2002年度）

　力率改善用コンデンサとそれと直列に設置されるリアクトル（これらを総称して「調相設備」と呼びます）が原理的に高調波電流を流しやすい性質があることは繰り返し述べてきましたが、やはり現実の高調波障害もこれら機器に集中（毎年の障害件数の8〜9割程度）しています。

　障害の程度としては、軽度なものからまず、高調波電流が調相設備に流れることによる異常音があります。例えば第5次高調波電流成分が多く含まれる場合、西日本地域では60Hz×5＝300Hzの音が調相設備本体から実際に聞こえます（東日本では50Hz×5＝250Hzになります）。

　このあたりの周波数は人の話し声（正確にはその基本波成分）の領域で聞き取りやすいため、実際に音を聞くと耳につきます（ちなみに音楽が好きな読者へのご参考に、300Hzは音階としてはDとD#の間に

調相設備の異音（第5次高調波の音）

相当します。男性の声としてはやや高い音域です）。

　従って設備管理者が巡視点検する際に「あれっ？」と異常音に気づきやすいと言えます。

　次に障害程度が悪化すると、調相設備が過熱します。もちろんこの状態でも異常音は発生していますが、過電流による過熱が継続すれば調相設備筐体がふくらんだり、また温度計や温度リレー（過熱に対する保護装置）で検知されたりします。この状態を長期間放置すると、寿命低下のみならず最終的には焼損してしまう恐れもあります。

　さらに高調波環境が悪いと、短時間で過熱から焼損に至る可能性があり、実際にそのような事例も報告されています。

　また、その他に家電・汎用品にも若干の障害例が見られますが、これは例えば、ラジオ・照明器具・電話機・ステレオアンプからの異音や電磁調理器が動作しないなどです。いずれも、近くにある特定の高調波発生源の運転時にみられる現象ということで、高調波が原因と判断されています。

10－3　障害の具体事例

　これまでに報告された障害事例の中で特徴的なもの、典型的なものをいくつか解説します。

（1）特定の発生源からの高調波により同時に多数の低圧機器が損傷したケース

　電気協同研究第46巻第2号「電力系統における高調波とその対策（1990年6月）」に紹介されているやや古い（1983年）ケースで、特別高

圧で受電する需要家の設備（ダイオード、サイリスタ機器）から発生した高次（11次以上）の高調波が、多数の低圧需要家の調相設備やモータブレーカ等を焼損させたものです。最近の障害例が第5次高調波による高圧調相設備の障害に集中していることからすると、異質のケースと言えます。この場合は発生源が明確ですので、フィルタによる対策を実施しました。

（2）不特定多数の発生源からの高調波により高圧調相設備が焼損し人身事故に至ったケース

　高調波抑制対策ガイドライン制定の直接の契機となった1994年の事故で、高圧調相設備の爆発焼損により、当該需要家の電気技術者が火傷を負ったものです。

　最近では、幸いにしてこのような人身事故に至る障害例は報告されていませんが、中には一歩間違えると1994年のケースと同様な結果を招きかねない調相設備の焼損事故も依然として報告されています。

11．障害実態調査結果の分析
11—1　高調波電圧歪み率年度推移との関連

　前節において、障害件数は1994年以降の漸増傾向から、1999年頃以降は漸減傾向に転じていると述べましたが、この傾向を、前述した電力系統の高調波電圧歪み率年度推移と比較すると興味深い結果が得られます。

　図26および図27は、障害が集中している6kV系統の高調波電圧歪み率年度推移グラフ（第3節の再掲）ですが、住宅地域、商工業地域ともに、2000年度くらいまでの漸増傾向が、その後漸減傾向に転じていることがわかります。

　これらを図24と見比べて頂ければ、1994年から現在までの傾向がほぼ一致していることがわかると思います。

　これは、現実の高調波抑制対策の実施状況とあわせて考えれば極めて妥当ということができます。以下にそのことを解説します。

　1994年10月に2種類の高調波抑制対策ガイドラインが制定されました

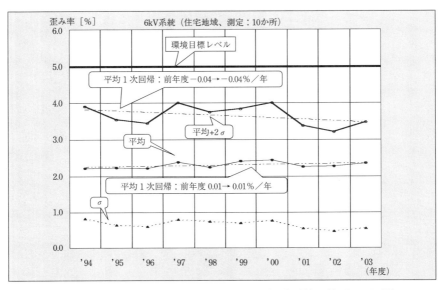

〔図26〕6kV系統（住宅地域）の電圧歪み推移（第3節 図15再掲）

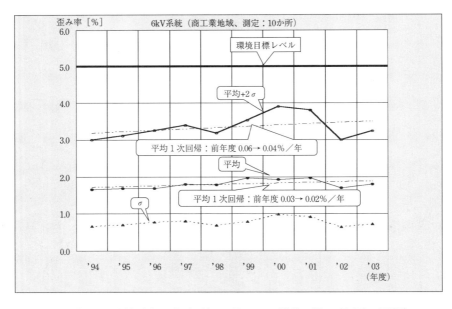

〔図27〕6kV系統（商工業地域）の電圧歪み推移（第3節 図16再掲）

が、例えば家電・汎用品の工場生産ラインにおける対策を目的とした「家電・汎用品高調波抑制対策ガイドライン」では、その時点で稼動中の生産ラインを変更する必要はなく、ライン変更時（つまり新製品生産開始時点）から徐々に製品への対策を実施することになっていました。

　また、大規模需要家個別の対応を目的とした「高圧または特別高圧で受電する需要家（特定需要家）高調波抑制対策ガイドライン」においても、同様に既設設備への対策は必要なく、受電設備の新増設時に対策を実施することになっていました。

　従って、高調波の対策を施した機器や設備が普及するには数年程度以上かかることは明らかであり、対策の効果も数年後から徐々に現われてくると考えられます。

　1994年から数年間は高調波電圧歪み率も障害件数も漸増しているが、その後いずれも減少に転じていることを示している図24、図26、図27はまさにそのことを証明しているデータとみていいでしょう。電圧歪み率と障害件数は、全く異なるアプローチに基づく高調波実態調査結果ですので、それらが同傾向を示すということは、それなりの根拠ということができると思います。

11―2　調相設備のJIS規格改定の影響

　次に、調相設備に集中している障害の実態を分析するにあたって、1998年の調相設備関連JIS規格の全面改定のことに触れないわけにはいきません。

　この改定は、高調波問題への対応を主目的としたもので、概要は以下のとおりです。

①高圧、特別高圧の力率改善用コンデンサにはリアクトルを直列に設置することが原則となり、従来コンデンサ、直列リアクトル、放電コイルのJIS規格が別個に存在（それぞれJIS C4902、JIS C4801、JIS C4802）していたのを、「JIS C4902 高圧及び特別高圧進相コンデンサ及び付属機器」（JIS C4902-1998）として統一した。

②直列リアクトルを取り付けた状態で定格電圧および定格容量が定められた。

③直列リアクトルの最大許容電流種別（Ⅰ種、Ⅱ種）が設けられ、高圧用直列リアクトルの高調波耐量が高められた（具体的には、第5次高調波電流含有率で、主に特高用のⅠ種は従来どおり35％であるが、主に高圧用のⅡ種は35％→55％に引き上げ）。

改定後のJIS C4902-1998のことを「新JIS」、それまでの3種類に分かれていたJIS規格を「旧JIS」と呼ぶことにしますと、現在使用されている調相設備には「旧JIS準拠品」と「新JIS準拠品」が混在しているわけです。

上記の①～③について解説すると、まず①②については、第4章で述べたとおり、コンデンサに直列リアクトルを設置することにより高調波を拡大させない効果がありますので、その形態を標準化することにより高調波問題の拡大を防止しようとするものです。

また③については、本来高調波問題の拡大を防ぐ目的の直列リアクトル自体が高調波障害被害者の多くを占めるという、ある意味で非常に皮肉な結果（正義の味方がいじめられっ子になる？？？）に対して、リアクトルの耐量アップにより対処しようとするものです。

これについては数値的な根拠を示すことができます。

すなわち、コンデンサのインピーダンスを100％とした時に、その6％のインピーダンスを持つリアクトルを直列に設置すると、その合成インピーダンスは、

$$-j100+j6=\underline{-j94\,(\%)}$$

になりますが、第5次高調波に対しては、

$$(-j100/5)+(j6\times 5)=\underline{j10\,(\%)}$$

になります。

これは、同じ電圧がかかっても基本波と比較して第5次高調波電流は<u>9.4倍</u>流れやすくなることを意味します。

すなわち、第5次高調波<u>電圧</u>含有率が<u>a (%)</u>とすると、この調相設備に流れる第5次高調波<u>電流</u>の含有率は

a×9.4 (%)

になるということです（調相設備には原理的に高調波電流が流れやすいというのは、こういうことです）。

　すると「旧JIS規格」では妙なことになります。

　つまり、高圧配電系統の「高調波環境目標値」は、「総合電圧歪み率5%」とされており、これが我が国の高調波対策の基本となっています。また、電力系統における高調波電圧歪み率実態調査結果で述べたように、高調波の大半は第5次高調波、すなわち「総合電圧歪み率≒第5次高調波電圧含有率」です。

　すると先の式から、環境目標上限にある系統に6%のリアクトル付の調相設備を設置すると、これに流れる電流の第5次含有率は、

　　　5 (%)×9.4＝47 (%)

となり、旧JIS規格の耐量35%では不足（！！）してしまいます。つまり、調相設備をJIS規格どおりに作り、高調波環境が環境目標値以内であっても、過電流（耐量不足）による障害が発生してしまう可能性があります。

　これが新JIS（高圧用のⅡ種）では耐量55%と改定され、環境目標値との整合が図られました。

　なお、特別高圧系統については、環境目標値が「総合電圧歪み率3%」ですので、6%のリアクトルを設置した調相設備に流れる電流の第5次含有率は、

　　　3 (%)×9.4＝28.2 (%)

となり、旧JIS規格の耐量35%でも問題ありません。従って、これを特別高圧用のⅠ種としています。

　以上、旧JIS準拠の調相設備は高調波に弱いため、1998年以降は新JIS準拠品が推奨されていることの根拠を説明しました。

　ただし、JIS規格が改定されたからといって、既存設備はそのまま使

見た目は問題なくても、潜在的な影響が進行中（？）

い続けるのが普通ですから、我が国の調相設備がすべて新JIS準拠品に変わるにはかなりの時間を要します。

　従って、JIS改定が高調波問題の改善に大きく貢献することは当然期待されるものの、1999年頃以降、障害件数が現実に漸減傾向にあることについて、どの程度寄与しているかを分析するのはなかなか難しいものがあります。

11—3　一般的に考えられる高調波による影響との関連

　一般的に考えられる高調波による影響については、第4章「高調波の一般的基礎：発生源、影響、回路計算」でかなり詳しく述べました。

　ここでは、第10節で解説した実際の障害例をこれと重ね合わせてみます。

　図28は第4章で一般的な影響を分類した図6（P.41）を、現状の障害

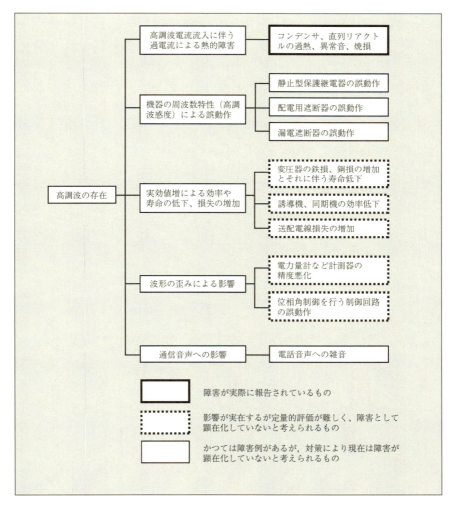

〔図28〕高調波による影響の分類と現状

実態に合わせて少し修正したものです。

　第10節で説明したとおり、原理的に高調波電流が流れ込みやすいコンデンサや直列リアクトルの過熱、異常音、焼損は障害例として多く報告されています。

　また、保護継電器や漏電遮断器などの誤動作や通信障害については、

過去に障害例がありますが、対策が行われてきている関係で、最近は障害の報告は少なくなっています。ちなみに、高調波問題が「古くて新しい問題」とよく言われるのも、これらの「古い問題」をそれなりに解決してきても、その他の問題が増加しているということが背景にあります。

また、変圧器や送配電線の損失増加や、誘導機・同期機の効率低下といったことは、電力系統に高調波電流が含まれている限り技術的に避けられない現象なのですが、なかなか定量的な評価が難しく、またコンデンサ焼損のように明確に障害とわかるわけでもないため、なかなか顕在化することがありません。

計測器の精度悪化といったことも同様に顕在化しにくいと言えます。

以上のように、「高調波による影響」を論じる場合は、現実に障害として認識されるもの（電力会社が把握できるものとそうでないものを含む）の他にも、潜在的な影響があることに注意する必要があります。

12. 現状の認識と今後の展望

高調波抑制対策ガイドラインの効果により、近年障害件数が減少しつつあるものの、依然として人身事故にもつながりかねない調相設備の焼損事故が発生しているのが現状です。

従って、従来どおり行政、需要家、メーカ、電力一体となった対応を継続していくことが重要と考えます。

今後については、
- 機器取替等に伴う、実使用機器に占める高調波抑制対策ガイドライン（および関連JIS規格）適合品の比率向上（注：家電・汎用品および特定需要家の大型機器の両方）
- 省エネ法施行による機器一台当たりからの高調波電流発生量の減少（注：高調波電流含有率が同等なら消費電力低減により高調波電流発生量も減少）
- 新JIS（JIS C4902-1998）に準拠した調相設備の普及拡大

といった、高調波問題に関して歓迎すべきプラス要因と、
- 省エネ意識の高まりによる高効率機器のさらなる普及

- ブロードバンド(常時接続)の急速な普及に伴うパソコン台数と稼働率の上昇
- 分散型電源(風力、太陽光、燃料電池等)普及に伴うインバータ連系の拡大

といった、高調波問題に関しては懸念すべきマイナス要因が混在しており、予測が難しいと言えます。

　いずれにしても、本章で解説してきたような実態調査を継続して行いながら、注意深く関係者一体となって高調波問題に取り組んでいくことが今後も重要と思います。

第6章

諸外国における高調波の実態と考察

1. 諸外国の実態に関する情報源について

筆者は約5年間、国内では電気事業連合会の電力品質関連委員会、IEC[注16)]のSC77A国内委員会（低周波EMC全般）、そして国外ではIEC/SC77A/WG1（高調波）とその下部の各タスクフォースの委員を務めさせて頂きました。

また近年の2年間はこれらに加えて、国内ではCIGRE[注17)]のC4国内分科会（EMC等）、国外ではCIGRE/JWG C4.1.03（妨害負荷からの発生限度）、AESIEAP[注18)]の電力品質小委員会などの委員でもありました。

注16) IEC：国際電気標準会議（International Electrotechnical Commission）。1906年設立。電気全般に関する国際標準規格の策定が主目的。60か国以上が参加。
注17) CIGRE：国際大電力システム会議（International Council on Large Electric Systems；ちなみにCIGREはフランス語表記の略語）。1921年にIECから独立する形で設立。送変電に関する技術問題検討が主目的。従ってEMCに関してはIECよりも電力システムサイドからの検討が主体となる。50か国以上が参加。
注18) AESIEAP：東アジア西太平洋電力協会（The Association of Electricity Supply Industry of East Asia and the Western Pacific）。1975年設立。アジア主体に17か国が参加。

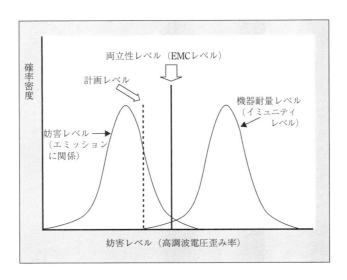

〔図29〕高調波に関する両立性レベルと計画レベルの概念

　さらにこれらに関連して、各国の電力会社を訪問して電力品質担当者と直接話す機会も多くありました。
　従って、高調波を含む海外の電力品質事情について、多方面から直接情報を得ることができる立場におりました。
　本章で解説する内容は、以上のような機会を通じて得た情報を基にしていますので、それなりに自信はありますが、個別の詳細情報は書けないこともある点と、例えば欧州や米国と一口に言っても地域によって電力事情が大きく異なるため、必ずしも正確な全体像を反映したものとは限らない点については、どうかご容赦下さい。

2．高調波における「両立性レベル」について

　諸外国の実態の前に、必要な予備知識として、高調波における「両立性（Compatibility）」について解説しておきたいと思います。
　電磁両立性（Electro-Magnetic Compatibility;EMC）は、高調波の実態を理解するうえで極めて重要な概念です。
　図29は一般的な両立性の概念図ですが、高調波の場合、横軸が高調波

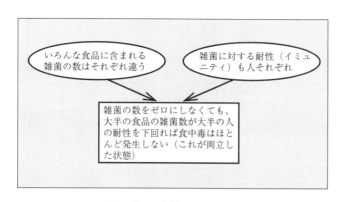

〔図30〕両立性のイメージ

電圧歪み率になります。図30はこれをもっとわかりやすくたとえたものです。考え方としては極めて単純で、

「高調波電圧歪み率及びその原因となる高調波電流発生量を完全にゼロにすることは現実的に不可能、またその逆にどんな高調波環境下でも問題ない耐量を持つ機器を製作することも不可能。従って、技術面、経済面ともに現実的な高調波環境下で機器が障害を起こさないことを主目的として設定された高調波電圧歪み率レベル」のことを言います。

より具体的に言うと、合理的に高調波発生側（エミッション）と機器側（イミュニティ）との両立を図るということで、これが両立性という意味です。つまり、発生量抑制も機器耐量アップもともにコストを伴うので、技術的・経済的に両者が合理的に両立し得るレベルを両立性レベルと呼ぶわけです。もちろん公衆の健康と安全を確認することが大前提なのは言うまでもありません。

この考え方から明らかなように、両立性レベルというのはあくまでも相対的なものであって、何かの項目（例えば高調波、電磁ノイズ、フリッカなど）に関して絶対的な数値が一義的に定まるものではありません。この点は、ご存じの方にとっては当然なのですが、けっこう重要です。

また、図29にあるように、両立性レベルの左側に「計画レベル（Planning Level）」を設けて管理することも一般的に考えられています。

これは、図のようにエミッションとイミュニティが重なる場合もある

〔表14〕低圧系統高調波電圧歪み率の両立性レベル（IEC 61000-2-2による）

次数	両立性レベル（％）
3	5
5	6
7	5
9	1.5
11	3.5
13	3
15	0.3
17	2
19	1.5
21	0.2
23	1.5
25	1.5
25超（注1）	0.2＋12.5/n（注2）

次数	両立性レベル（％）
2	2
4	1
6	0.5
8	0.5
10	0.5
12	0.2
12超	0.2

（注1：ただし3の倍数の次数は0.2％）
（注2：nは高調波次数）

ことや、守るべき両立性レベルに若干のマージンを持たせて管理しなければ、たまたま管理レベルを超過した時にすぐに障害が発生してしまう、といった考え方から設定されるものです。この計画レベルもまた、相対的なものであることは言うまでもありません。

表14は、高調波に関する現時点で唯一の国際標準規格であるIEC 61000-3-2（低圧に接続される入力電流16A以下の機器から発生する高調波電流の上限値を定めた規格）の前提として使われているLV（低圧系統）およびMV（中圧系統）の両立性レベル値（IEC 61000-2-2に記載）です。

例えば、第5次高調波電圧歪み率では6％です。

度々登場する我が国の「高調波環境目標レベル」は高圧配電系統で総合電圧歪み率5％ですが、これまで本書で解説したとおり、我が国の高調波電圧歪みの大半は第5次高調波ですので、実質的には第5次高調波電圧歪み率5％と同等です。

従って、前述の「計画レベル」の考え方に照らせば、この「環境目標レベル5％」を、「両立性レベル6％」に対する「計画レベル」に相当するものと捉えることができます。

3. 欧州電力系統における高調波の実態と日本との比較による考察
3－1　欧州電力系統における高調波の実態

　欧州の電力会社の連合体組織であるEURELECTRIC（日本の電気事業連合会に相当）では、高調波を含む電力品質問題全般についてのレポートをまとめて、WEB上で公表しています。

　文書名は「Power Quality in European Electricity Supply Networks－2nd edition（欧州電力系統における電力品質 第2版）」（2003年11月）で、これはEURELECTRICのホームページhttp://public.eurelectric.orgから自由にダウンロード可能です。

　本レポートの高調波に関する部分の概要は以下のとおりです。なお、レポート執筆グループの多くはIEC国際会議委員でもあり、私も彼らから直接このような内容の話を聞いています。

①欧州の各電力会社では、過去から継続的に電力系統における高調波電圧歪み率の実態調査（測定）を実施してきている。

②測定系統の電圧階級はHV（高電圧、33kV以上）、MV（中電圧、1kV以上33kV未満）、LV（低電圧、1kV未満）のすべてにわたっている（筆者注：この電圧階級の分類はIECの定義によっています。我が国で一般に特別高圧送電系統（66kV以上主体）、高圧配電系統（6kV主体）、低圧配電系統（100V、200V主体）と称されているものが、各々HV、MV、LVに相当します。この点は高調波に限らずIEC規格を日本に置き換えて考える際に重要です）。

③その結果によると、ごく一部で横ばい（増加傾向なし）の地域もあるが、多くの国、地域では電圧歪み率の増加傾向がみられ、増加割合は大体1％／10年程度である。

④第3次高調波と第5次高調波が大きいが、特に第5次高調波の伸びが顕著である。

⑤その結果、地域によってはすでに電圧歪み率が両立性レベル近傍にあり、一部は超えている。

⑥上位の送電系統においてもその影響は顕著で、20年ほど前にはほとんど歪みが見られなかったのが、最近では電圧歪み率2％程度とな

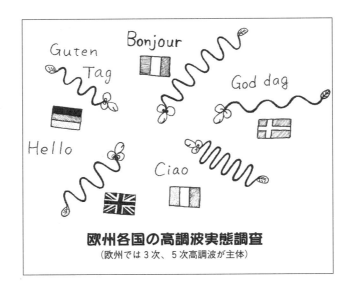

欧州各国の高調波実態調査
(欧州では3次、5次高調波が主体)

っており、計画レベル（2％程度）に達している。
⑦現状では、高調波の影響はローカル的なものに留まっているが、非線形負荷の増大に伴い、影響の多様化・深刻化が予想される。
⑧系統電圧歪み率の時間的変化を見ると、特にテレビやパソコンの使用形態と近似している傾向が見られる。
⑨すでに電力系統電圧歪み率の実態が両立性レベルに近づいている現状に対処するため、両立性レベル自体を引き上げることも考えられるが、これは対策にならない。なぜなら、両立性レベルを引き上げれば、機器の耐量（イミュニティレベル）も引き上げる必要があるが、そうすると旧規格で作られた既存設備に重大な影響が生じる恐れがある。
⑩Harmonic pollution（高調波汚染）対策を電力系統で行うために、世界で数千億ドル（数十兆円）単位のコストがかかりかねない。

以上がその概要ですが、我が国の実態と比較していくつか興味深い点がありますので、次項で順に解説します。

3-2 日本との比較による考察

まず②ですが、前章までに解説したように、我が国では特別高圧系統

および高圧系統において毎年、高調波電圧歪み率の実態調査（測定）を行っておりますが、残念ながら低圧系統については、障害発生時等の測定は別として体系的な測定を実施しておりません。

これは、我が国では障害の多くが高圧配電系統で発生しているため、そもそも低圧系統の「環境目標レベル」が設定されていないことや、低圧需要家数が膨大（数千万口）の上、設備改修機会も多いため代表的な地点を選定して継続的にトレンドを管理することが困難、といった理由からです。

さらに、欧州は日本より低圧配電電圧が高く（単相230V、三相400Vが主体）、我が国では高圧で供給する需要家も低圧で送電する形態となっているため、「低圧」の範囲が実質的に大きく異なるという事情もあります。

また④については、我が国では第3次高調波は測定値も小さく、ほとんど問題になりませんが、欧州はそうではありません。

以上のような電力系統構成上の差異については、次章で詳しく解説します。

次に③については、前述したように、我が国でも高調波抑制対策ガイドライン発効前には同様の増加傾向がありました。

⑤については、特にドイツにおける測定データが大きい数値を示しており、IEC/SC77A/WG1でも論議の的になりましたが、測定結果は事実です。我が国でも障害が発生したような地点では、当然かなりのレベルが観測されています。

また⑥については、第5章で示した日本の特別高圧系統の測定結果は、「平均+2σ」値で3%弱近辺にあり、欧州より少し高いようです。ただ、計画値2%というのは、日本の特別高圧系統の環境目標値3%よりも厳しくなっており、この根拠については残念ながら確認できておりません。

一方、⑦⑧⑨の認識や傾向等については、我が国と同じと思います。

なお、⑨に関連して、我が国で調相設備の耐量を引き上げるJIS規格改定が1998年に行われた（JIS C4902-1998）ことを前述しましたが、これは高調波環境目標レベルとの不整合を解消したもので、⑨で述べてい

る両立性レベルの引き上げとは意味合いが異なります。

　最後に、⑩についてですが、こういった試算は我が国で行われたことはありませんし、試算結果についてもどの程度の信頼性があるのかは不明です。ただ、この記述がレポートにある背景については想像できます。

　やや本題からそれてしまいますが、読者にはこのような本音の話が実は興味深いのではないかと考え、次項で解説してみたいと思います。

3－3　対策コスト負担の考え方

　IEC/SC77A/WG1では長い間論争されてきたことがあって、それは、「高調波環境があるレベル以上に悪化すれば何らかの問題が生じるので対策が必要」であることは誰もが理解していますが、対策コストを誰が負担すべきかという点について大きく2種類の考え方、つまり「原因者負担」と「社会的コスト最小」が存在するということです。

　欧州の電気事業者は、高調波問題を本質的に環境汚染に関わる公害問題の一種と捉えており、従ってNOxやSOxと同様に原因者負担が妥当と主張してきました。この認識は⑩の原文で「Harmonic pollution（高調波汚染）」と明記していることからも明らかです。この思想を一言で言うと「Polluters Pay（汚染原因者がコスト負担すべし）」です。

　一方、米国を中心とする機器製造業の代表者達は、「高調波問題は公害問題というより単にエミッションとイミュニティの両立性に関わる問題であって、社会的コスト最小で両立できるようにすればいい。従って高調波電流発生機器側での対策だけでなく被害機器側や電力系統側でも対策すべし」と主張してきました。

　いずれの主張にも一理ありそうですが、読者の皆様はいずれが妥当と思われるでしょうか。

　なお、後者の主張はあくまでも大量に出回る汎用機器についてであって、「大型の特定発生源では電力会社設備、需要家設備を問わず機器側できちんと対策すべき」というのは認識が一致するところです。例えば電力会社の機器の例では、周波数変換設備や直流送電機器等は高調波電流を大量に発生しますから、フィルタ等でしっかりと対策しています。

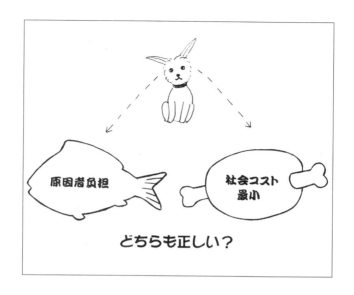

現地をご覧頂ければすぐにわかりますが、こういった設備では敷地のかなりの部分を高調波対策用のフィルタで占めています。

さて、論争の行方ですが、最近ではやはり経済性は極めて重要ということで、発生源側での対策を基本的考え方としつつも、経済性も十分考慮して対策を実施する、といった方向に収束しつつあります。

近年IEC/SC77Aの各国国内委員会に回議された文書（IEC 61000-3-2の歴史や理論的根拠を解説したテクニカルレポートIEC 61000-1-4案）では、この経済合理性が最近考慮されてきていることが明記されています。

その一例として、IEC 61000-3-2の現行バージョンでクラスDの75W未満の機器が対策の対象外になっていることについて、『これら機器から発生する高調波電流の対策コストは電力系統側で負担しているとみなせる。また75W以上の機器についても機器側の対策だけでは発生ゼロにはならないので、この部分は機器側、系統側で対策コストをシェアしていることになる。』と解説されています。

つまり、この欧州電気事業者のレポートであえて⑩を記載しているのは、こういった流れを踏まえて、「（本来は発生源側で対策すべきであるが、経済性、すなわち社会コスト最小を仮に追求するにしても）電力系

統側での対策にはこんなに金がかかって現実的ではない」と主張したい気持ちが窺えます。もちろん機器側（エミッション側）で先に「対策コストはこんなにかかる」と度々試算結果を出していることへの対抗でもあります。

　しかしながらこういった論争は、容易に想像できるように相手側の試算内容にいちゃもんを付け合う流れになって、建設的な議論から次第に離れていく結果をもたらします。

　筆者自身は電力会社の人間であり、当然電力系統側の事情に詳しいので、この講座の内容もそれを反映しており、それが特色と考えておりますが、高調波問題自体に関しては政治的側面よりも技術的中立性を重視した上で、あくまでも人身事故等の重大災害を未然に防止することを最大の目的に、内外の委員会等で活動してきたつもりです。つまり単に業界利益代弁者として活動してきたつもりはありません（このことは同じ委員会で活動された方にはある程度ご理解頂けるのではと思います）。

　従って、筆者個人としては「（生活状況や電力事情が全く異なる地域の集合体である）世界トータルの対策コスト」といった、およそ正解のありそうもない不毛な論争に時間と労力を費やすよりも、日本のように関係者一丸となった適切な対応を各国でも早急に実施していくべき、と考えます。

　言えるのは、現実に人身事故につながりかねない高調波問題を経済性の視点だけで語ってはならない、ということです。

4．欧州における高調波問題の歴史的経緯

前節の中で、欧州電力系統における高調波の現状について、電力会社の連合体であるEURELECTRICが公表しているレポートをもとに解説しましたが、本節で欧州の高調波事情に関する歴史的経緯について追記しておきたいと思います。

なぜなら、これが現行のIEC 61000-3-2の内容と密接に関わりがあるため、これをベースとした我が国のJIS C61000-3-2の理解を助けると思われるためです。

この経緯については、前節でも言及したIECのテクニカルレポートIEC 61000-1-4案（Historical Rationale for the limitation of power-frequency conducted harmonic current emissions from equipment, in the frequency range up to 2kHz.：機器から発生する2kHz までの高調波電流に関する上限規格の歴史的・技術的根拠）を参考にしています。

なお、以降の解説はIEC 61000-3-2の対象となる低圧汎用機器について述べております。交直変換器用の大型整流器など大量の高調波電流を発生する機器はこれ以前から存在し、それなりの対策が行われてきたことは言うまでもありませんが、そのような機器はここでの解説の対象外です。

4－1　1960年頃以前の状況

この時代は、半波整流回路を持つテレビ受像機くらいしか高調波発生源となる低圧汎用機器はなく、しかも普及台数も少なかったので、家庭用機器が電力系統の高調波環境に悪影響を及ぼすとの認識はありませんでした。

4－2　1960年頃～1975年の状況

この頃、位相制御タイプの調光器（dimmer）が家庭に普及し始めます。これらは当然高調波電流の発生源であり、普及台数が多くて使用時間も長く、さらには複数家庭での同時使用割合も高いことが容易に想定されます。

この状況を放置すれば、高調波電流による電力系統の電圧歪み率が、許容できる値（のちに両立性レベルと名づけられる）を超過することが

懸念されたため、低圧機器からの高調波電流発生量を制限する初の規格であるEN 50006が1975年に制定されました（注：本規格はそれ以前のいかなる規格も参考としていない、と説明されています）。

このEN 50006がIEC 61000-3-2の原型で、翌1976年の英国規格BS 5406など各国規格にも反映されました。ここではすでにリファレンスインピーダンス（基準インピーダンス）の考え方が示されています。

すなわち、第4章の高調波回路計算や第5章の季節別高調波電圧歪み率の分析などで解説したように、系統電圧歪み率は機器からの高調波電流発生量と機器が接続される電力系統のインピーダンスに比例しますので、高調波電流上限値を設定するためには、基準となるインピーダンスの設定が必須ということです。

このEN 50006では低圧電力系統の基準インピーダンスとして、

0.4+j(n×0.25)オーム
（ただしnは高調波次数）

との数値が採用されています。これは欧州各国の低圧電力系統を調査した膨大なデータの90％値（インピーダンスの大きい方から数えると10％値）をとったものです。

実は、驚くべきことに現行のIEC 61000-3-2においても、この数値がそのまま上限値設定の根拠となっています。これは30年間も調査もせずに

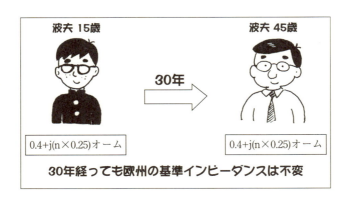

30年経っても欧州の基準インピーダンスは不変

放置していたということではなく、度々再調査がなされたが、数値を変更すべきデータは現在までに得られていない、すなわち実測結果がほとんど変化していないということです。

日本ではこの30年間の電力需要の伸びは目覚ましく、電力系統も拡充に拡充を重ねてきましたので、系統側のインピーダンスが不変ということはあり得ませんが、欧州ではこの間の需要の伸びや電力系統の拡充が我が国と比べて顕著でなかったことを示しています（基準インピーダンスも社会を映す鏡の一つと言えるかもしれませんね。閑話休題）。

一因としては、欧州の低圧電力系統の電圧が230V/400Vと我が国より高く、一本の電線当たり送電可能な電力が大きいので、少々の需要増加では系統を拡充する必要がない、という事情も考えられます。このあたりの電力系統側の事情は次章で詳しく述べます。

EN 50006規格の具体的な内容としては、主に奇数次高調波に上限値を設定するとか、200Wを超過する暖房機器では位相制御回路を採用しない、といったことが柱で、さらには後のIEC 61000-3-3の原型となる電圧変動規格の部分を含んでいました。

ちなみに、上限値自体は現IEC 61000-3-2のクラスAにそのまま踏襲されており、「複数の調光器が基準インピーダンスに接続されたときの電力系統電圧歪み率が許容値（のちの両立性レベル）を下回る」ことを根拠として数値が算定されていますが、最終的には電力供給サイドと機器製造サイドの度重なる厳しい交渉によって決定された、と正直に解説されています。前節の最後に述べた両陣営のせめぎ合いは、すでにこの頃からあったわけです。

ともあれ、1975年制定の本規格は、低圧汎用機器に対する世界初の高調波電流上限規格として歴史的なものです。

4－3　1975年～1982年の状況

その後IECでは、現行規格に近いIEC (60)555-2（1982年）の内容が議論されました。本規格では前記EN 50006の限度値（現行クラスA）の他に、2種類の限度値が提案されました。

一つは、使用頻度の少ない手持ち電動器具を対象として1.5倍の限度

値を設定するもので、これは現行のクラスBに継承されています。

　ちなみに、使用頻度が少ないのだからテレビや照明よりも緩和された限度値でいいだろう、との思想はわかりますが、1.5倍の数値的根拠となると、どこにも明記されたものはありません。

　またもう一つは、165W以上のテレビだけを対象として厳しめに設定された限度値で、これは現行のクラスDの原型となっています。

4－4　1982年～1995年の状況

　この間、欧州の高調波環境に関して主に3つの大きな変化が生じました。

　まず1番目は、高効率であるが高調波電流を発生するスイッチング電源の普及、次に2番目は、高調波に限らずEMC（電磁両立性）分野全体として機器に規制をかける動きが欧州で出てきたこと、最後の3番目は、欧州の電力供給者のなかで商品の品質（電力品質）を従来以上に重視する動きが出てきたこと、です。

　このような状況変化を受けて、IEC (60)555-2の改定が議論されましたが、この作業は各業界の利害が鋭く対立して難航を極め、最終的に1995年にIEC 61000-3-2-1995（一般にIEC 61000-3-2第1版）として制定されました。

　電力供給サイドは比較的、会社間で置かれた状況に大きな違いがないのですが、機器製造サイドは業種が多岐にわたり高調波問題への関心も各々異なるとともに利害が必ずしも一致しないため、なかなか議論が進まなかったと解説されています。つまり、電力供給サイドと機器製造サイドの対峙だけでなく、機器製造サイド内部での軋轢も生じていたということです。

　こうした中で大変な難産の末に誕生したIEC 61000-3-2-1995は、我が国の家電・汎用品高調波抑制対策ガイドラインのもとになったものです（注：ガイドライン制定は1994年ですがIEC 61000-3-2-1995の最終案を参考にしています）。

　具体的な内容は読者もよくご存じかと思いますが、16A以下のすべての低圧機器をクラスA～クラスDの4種類に分類し、各々の限度値を設

- クラスA：他のクラスに属さない機器すべて
- クラスB：手持ち電動機器
- クラスC：照明機器
- クラスD：入力電流波形が右図に該当する機器
  （通称「表彰台」）

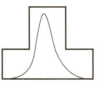

〔図31〕IEC 61000-3-2-1995（第1版）のクラス分類

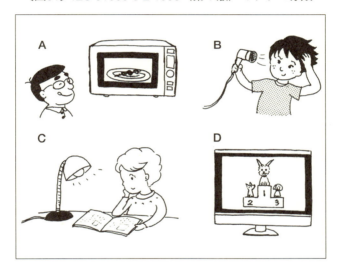

定していることが最大の特徴となっています。

　すなわち、クラスAは1975年のEN 50006以来継承されてきた限度値で、対象機器は他の3クラスに属さないすべての低圧16A以下機器です。

　次にクラスBは、手持ち電動器具を対象にクラスAの1.5倍の限度値を設定したもので、IEC (60)555-2-1982から継承されたものです。

　またクラスCは、最も厳しい限度値で、照明機器が対象です。この限度値は過去にあったIEC 60082という製品規格を参考にしていると解説してありますが、残念ながら現在は廃止されたこの規格については知識がありません。

クラスDは、入力電流波形パターンにより規定されるもので、他のクラスと異なり入力電力に比例した限度値が設定されています。そして入力電力600Wのポイントでクラスaの限度値とリンクするようになっています。また、入力電力75W未満は除外されています（この部分が第3節において解説したように、機器側ではなく電力供給側で対策しているとみなされている部分です）。

　なお、本規格においては、「4年後に」この75Wのしきい値を50Wに引き下げる旨が但し書きとして明記されているのですが、（信じ難いことに）いつから4年後かが明確でないことと、規格改定には常にIEC加盟国の投票という手続きを経る必要があることなどから、結局この但し書きはうやむやにされたままです。

　なお、この頃には電力系統電圧歪み率の時間的推移がテレビ視聴率と強い相関を示すことが認知されているようです。我が国でも1988年の調査で同様の傾向が観察されていることは第5章ですでに述べたとおりです。

　さらに、高調波電流上限規格制定の基本的考え方についてもかなり突っ込んだ議論がこの時期に行われています。

　それは、「Equal Right（平等の権利）」の考え方に関わるもので、一つには、例えば同じ100Wの機器ならどんなものでも上限値は同じ、との思想は一見公平で正しいが本当にそうか？ということです。

　つまり、一つの国にごくわずかしか普及しておらず、しかも稀にしか使われないものを、各家庭に普及し使用時間も長いテレビ等と同じ上限値にして対策コストをかける必要はないのではないか？との疑問です。

　この、「電力系統電圧歪みに対する影響度合（インパクト）に応じた上限値設定の方が合理的かつ真の平等ではないか」との命題は、現在進められているIEC 61000-3-2全面改定作業（第3版策定作業）におけるアプローチにそのまま踏襲されています。

　次に、「平等な権利」の観点からは、クラスA〜クラスCの限度値が機器の入力電力にかかわらず一定というのはおかしいのではないか、クラスDのように入力電力に比例した限度値の考え方が正しいのではない

か、との議論もあり、これも現在の全面改定作業に取り込まれている命題です。

4―5　1995年以降の状況

さて、かなり現在に近づいてきました。

前項の時期に提起された命題が、現時点でもまだ検討されている段階ということは、せっかく難産の末に誕生したIEC 61000-3-2第1版（Edition 1、1995年）にも関係者が皆満足していたわけではなかったということを意味します。

その結果、1995年以降数回の部分的な修正（Amendment）作業が行われてきました。

Professional Equipment（比較的大型の計算機など一般の電器店で販売されていないもの）の定義やエアコン・掃除機の試験方法などを織り込んだAmendment 1は1997年、25W以下の照明機器の限度値を設定したAmendment 2は1998年に形を整え、これらを織り込んだものが1998年4月にIEC 61000-3-2第1.2版（Amendment 2 Edition 1）として発行されました。

その後、位相角制御モータの限度値見直しなどを織り込んだAmendment 3を上記第1.2版に追加したIEC 61000-3-2第2版（Edition 2）が2000年8月に発行されました。

さらに、クラスDの分類方法の変更（それまでの入力電流波形で定義したものから単純に「テレビ受像機とパソコンとパソコン用モニター」に限定したものに変更）を織り込み、その他にもかなりの修正を加えて大変な難産の末に誕生したIEC 61000-3-2第2.1版（Amendment 1 Edition 2）が2001年10月に発行されました。これが現行バージョンです。

この現行バージョンは2000年初頭にほぼ内容の合意をみたため、関係者の間では「Millennium Amendment（ミレニアム修正版）」と呼ばれています。現在では、前項で述べたような命題を織り込んだIEC 61000-3-2第3版（Edition 3）の策定作業がIEC/SC77A/WG1で行われているところです。

このような、ここ数年のIEC 61000-3-2を巡るめまぐるしい動きの背景

- ・1975年：EN 50006（世界初の低圧汎用機器高調波上限規格）
- ・1982年：IEC (60)555-2
- ・1995年：IEC 61000-3-2 第1版（クラスA.B.C.D設定）
- ・1998年：IEC 61000-3-2 第1.2版
- ・2000年：IEC 61000-3-2 第2版
- ・2001年：IEC 61000-3-2 第2.1版（Millennium Amendment）
- ・現　在：IEC 61000-3-2 第3版（全面改定版）検討中

〔図32〕IEC 61000-3-2の歴史

には、全面改定を強く求め続けてきたアメリカ産業界の意向や、IEC規格とEN規格の整合を求めてIECに圧力をかけたCENELEC（European Committee for Electrotechnical Standardization：欧州電気標準化委員会）の動向など政治的な背景が複雑に絡み合っていますが、これらを解説することは本稿の趣旨ではないので説明を省略します。ただ、筆者自身がIEC/SC77A/WG1メンバーとしてこれらに直接関わってきたことは記しておきます。

ちなみに、「月刊EMC」誌のNo.159（2001年7月）の記事「汎用品・家電品等の高調波に関するIEC 61000-3-2他の最近の審議動向」（坂下榮二氏）に、このあたりの複雑な事情の一端が紹介されていますので、興味のある方は御一読下さい。

ともあれ、以上が欧州を中心とした高調波問題に関する経緯で、第3節で解説した欧州電力系統における高調波の実態とあわせて、欧州の状況がご理解頂けると思いますし、あわせてIEC 61000-3-2の考え方や成り立ちなどをおわかり頂けたかと思います。

5．米国における高調波の実態
5－1　米国の電力会社について

まず、米国と欧州では電力会社の成り立ちが大きく異なることに触れる必要があります。

国営を主体に発展してきた欧州に対して、米国では大小数多くの電力会社（一説に3,000社とも）が昔から存在してきたところに、ここ数年、電力自由化の動きが加速する中でさらに複雑に改編が繰り返され、正直に申し上げると我々電力会社の人間でさえ訳がわからない状況になっています。一言で言えば、政治的に各州がバラバラなのと同じく、米国の電力会社はバラバラの状態です。従って、電気事業連合会が電力各社の高調波実態を毎年調査して取りまとめて公表している日本や、EURELECTRICが電力品質全般に関するレポートを公表している欧州のような、全米を総括して高調波問題を調査し公表している機関もレポートも、米国には、筆者の知る限り見当たりません。そこで、全米の実態とまではいきませんが、筆者が直接米国の大手数社の電力会社で見聞したことを記すことにします。

5－2　高調波への対応状況

これら大手の電力会社では、電力品質（Power Quality）を非常に重要な問題と捉え、専門のチームを作って電力品質に関する研究、技術動向調査や需要家へのコンサルティング活動等を行っています。

対象とする電気現象は、高調波だけではもちろんなく、瞬時電圧低下、電圧不平衡、フリッカなど一般に電力品質に分類される現象（第2章で解説しました）や、雷サージ対策等も手がけるところが多いようです。

このような部署の専門家に対して、高調波はどの程度問題になっているのかと質問すると、ほぼ共通して「電力品質問題の中で件数が最も多いのは瞬時電圧低下であり、高調波は比率としてはそれより小さいが、時々障害発生の相談がある。パワーエレクトロニクス機器の普及進展により今後は問題となるケースが増加するだろう。」といった答えが返ってきます。これが米国の一般的な現状と言えそうです。

1社だけで年間数十件から、多いところでは数百件の案件を取り扱う

アメリカの電力会社は大小バラバラで統一感なし

こういった部署で、比較的低比率でも高調波問題を取り扱っていれば、全米規模ではかなりの件数に上ると考えられますが、残念ながら前述のような状況で全米規模のデータが存在しないのが現状です。

一方で、高調波規格に関する国際会議体であるIEC/SC77A/WG1に、以前は米国の電力会社からメンバーを送り込んでいたのに、現在は一人もいない（注：カナダの電力会社は積極的に参加している）という事実から、米国の電力会社は欧州や日本ほど高調波問題に重大な関心を抱いていない、との見方もありそうです。ただ、その要因として、米国の電力業界では電力自由化に伴う会社間の再編が非常に激しいため、国際会議の委員を継続的に出せる会社がなかなかない、という実態が挙げられ、現実に電力品質管理の現場では高調波問題を取り扱っていますし、今後さらに深刻化するとの認識を持っておりますので、関心がないということではありません。

5－3　IEEE[注19] 519について

米国では20年ほど前から「IEEE 519」という高調波に関するガイドラインが関係者に標準規格として認識され、実際に適用されてきました。

例えば、特定の需要家の非線形機器が原因で高調波障害が発生した場合は、電力会社が当該需要家に対してIEEE 519への適合を要請するとか、

注19) IEEE（The Institute of Electrical and Electronics Engineers, Inc.：電気電子技術者協会または電気電子学会）は米国を本部とする世界最大の電気関係技術者組織で、日本にも東京支部など8支部がある。一般に「アイトリプルイー」と発音される。

また高調波発生源となる機器を製造するメーカーでは、「IEEE 519準拠」を売り物にするなどといったことです。ただし法的拘束力はない標準規格ですので、例えば電力会社が需要家との電力受給契約の条件にしている（つまりIEEE 519をクリアしなければ電力を供給しない）といった使われ方はされていないようです。

IEEE 519は、需要家サイドから発生する高調波電流の上限値を設定した規格で、具体的には需要家の合計負荷電流とその地点の短絡電流の比をパラメーターとして合計負荷電流の高調波電流歪み率上限値を規定するものです。

例えば、

短絡電流÷合計負荷電流＝20

の場合、合計負荷電流の第3次高調波電流含有率上限値は4％である、といったものです。

このように、IEEE 519は基本的に機器ごとではなく需要家ごとの高調波電流上限値を規定する規格ですが、当該需要家の主な電力使用機器は高調波発生源機器1つだけとの前提のもとに（あるいは合計負荷電流を該当機器単体の負荷電流と誤解して）、機器単体として「IEEE 519準拠」を謳うケースも前述のとおり、あるようです。これは規格本来の趣旨と異なる使われ方と言えます。

このIEEE 519は、主に米国（または北米地域）規格と考えられていますが、米国以外にもアジア諸国などでも適用または参考にしている国や地域があります。ちなみに、IECとIEEEという国際規格が混在している状態なのに、米国ではIEEEの方が標準的に使われているのは、IECがそもそも欧州を本拠としているのに対して、IEEEは米国を本拠としているためと思われます。

6．アジア諸国における高調波の実態
6―1　AESIEAPの電力品質小委員会について

AESIEAP（The Association of Electricity Supply Industry of East Asia and the Western Pacific：東アジア西太平洋電力協会)は、本章のはじめに述べたとおり1975年に設立され、アジア主体に17か国から、主として電力関係者が参加している団体です。

その主要組織である技術委員会 (Technical Committee) の下には電力品質小委員会 (Power Quality Subcommittee) をはじめ、4つの小委員会があって活発に活動しています（注：筆者も電力品質小委員会の日本人唯一のメンバーとして2年間活動）。

電力品質小委員会は2001年に発足し、初年度は電力品質全般に関する会員各社へのアンケートを実施しました。その結果、AESIEAP会員各社全般（すなわちアジア全般的な傾向）として、「電力品質に関わる諸問題のうち最も深刻なものは瞬時電圧低下であり、その次が高調波である。高調波についてはパワーエレクトロニクス機器の普及に伴い近い将来大きな問題になり得る」との共通認識があるといった結果が得られました（注：このあたりの事情は米国の事情と大きな違いはないようです）。

そこで、2002年度は瞬時電圧低下問題について、また翌2003年度には高調波問題について会員各社の実態調査と分析を精力的に行い、レポートを取りまとめました。ここでは、アジア地域における高調波の実態をよく反映していると考えられる電力品質小委員会のレポートの概要を紹介したいと思います。

6−2 AESIEAPレポートの概要

17か国の会員会社すべてに対して電力品質小委員会からアンケート調査を実施し、このうち韓国、香港、台湾、マカオ、マレーシア、シンガポール、フィリピン、タイ、インドネシア、日本の計10か国21社から回答がありました。

なお、他の3つの小委員会でも各々のテーマに応じた同様のアンケートを実施しましたが、電力品質小委員会アンケートへの回答率が最も高かったことから、会員各社の高調波問題への関心の高さが窺えます。このアンケート結果を分析し、レポートがまとめられましたが、その概要は以下のとおりです。

なお、第3節でご紹介した欧州の実態と同様、各国のAESIEAP委員から筆者は直接このような内容の話を聞いています。
　①高調波問題は主として（特別高圧系統ではなく）配電系統における問題であり、需要家の非線形負荷から発生する高調波電流が原因で生じるものである。
　②現時点では（日本を除いて）問題が顕在化していないが、需要家へのパワーエレクトロニクス機器の普及に伴い、近い将来大きな問題として顕在化してくると考えられる。
　③需要家の機器から発生する高調波電流が、電力系統を経由して他の需要家に影響を及ぼす問題であるため、誰の責任で高調波問題に対処するかはやっかいな問題である。
　④多くの国や地域において国際標準規格（IEC 61000シリーズや前述のIEEE 519など）や独自規格、あるいはそれらの組合せを用いて高調波の管理を行うか、または行う準備をしているところであるが、アジア各国共通化されたものはなく、また規格を満たさない需要家への電力供給を拒否するほどの規制を行っているところはごく少数である。

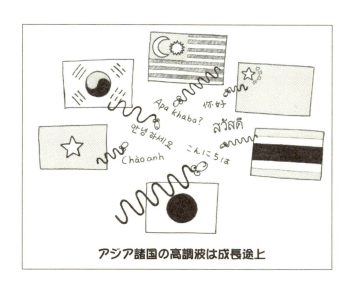

アジア諸国の高調波は成長途上

⑤多くの国や地域において高調波電圧歪み率（総合電圧歪み率）の上限値を設定している（表15）。
⑥高調波障害の多くはMV（中圧、1～33kV）系統の力率改善用コンデンサに発生している。原因は大型のパワーエレクトロニクス機器や家庭用の低圧汎用機器から発生する高調波電流と想定されるが、一般に多数の発生源があるため、原因の特定は難しい場合が多い。
⑦多くの会社で実際に高調波問題に対処した経験がある。対策としては発生源需要家設備への高調波フィルタ（受動型LCフィルタまたは能動型アクティブフィルタ）設置が一般的。電力系統サイドではなく発生源需要家サイドにおける対策が効率的かつ合理的と一般に認識されている。
⑧多くの会社で、すでに電力品質／高調波に関して専門に対応する組織を設置して、障害発生時の対応や新規に電力系統に接続される需要家からの高調波電流発生量管理などを実施している。また、需要家への対策の要請や対策内容のアドバイス、需要家向けの研修やセミナーなどを行っているところもある。
⑨多くの会社で電力品質／高調波をモニタリングするシステムを設置している。大半は電力系統サイド（変電所など）にモニタリングシステムが設置されているが、一部には需要家との連系点などに設置しているケースもある。
⑩ただし、体系的・定期的に測定・分析を行っているところは少なく、また測定データも社外秘としているところが多い。

以上のような調査結果を踏まえて、AESIEAP電力品質小委員会とし

〔表15〕アジア各地域の高調波電圧歪み率（総合電圧歪み率）上限値の分布

総合電圧歪み率	上限値として採用している地域（電力会社）の数			
	LV（<1kV）	1kV<MV<33kV	33kV<HV<132kV	132kV<EHV
5%	12	12	2	1
4%		3		
3%	1	2	13	9
2%				
1.5%				4
1%				

（注）LV:低圧、MV：中圧、HV：高圧、EHV：超高圧　　□は日本の環境目標値を示す。

ては、「全体として、現時点では高調波問題がそれほど顕在化しているわけではないにもかかわらず、各国・地域とも高調波問題に積極的に取り組んでいるものの、パワーエレクトロニクス機器の普及に伴い近い将来高調波問題が顕在化してくるとの想定のもとに、今後さらに次のような取り組みを実施していくべき」として、以下のような提言を結論として挙げています。

(a) 電力品質／高調波モニタリングシステムの充実。
(b) すべての関係者（行政、電力会社、機器製造者、需要家）の各々の責任と役割を明確にした上で、協調して高調波問題に取り組んでいくこと。
(c) 各国／地域共通の国際標準規格により管理していくこと。
(d) 各電力会社は電力品質／高調波専任チームを設置してモニタリングから障害発生時の対応までの関連業務を実施すること。

6-3　日本との比較による考察

　以上述べたアジア諸国の実態について、第3節における欧州の実態紹介の時と同様、日本との比較で詳しく考察してみます。

　まず①については、日本でも特別高圧系統における問題はほとんど発生しておらず、同様の状況と言えます。これは、特別高圧系統に接続される大型の高調波発生源機器（交直変換設備や周波数変換設備など）については、当然しっかりした高調波抑制対策が施されることも大きな理由です。

　次に②については、パワーエレクトロニクス技術を用いた高効率機器の普及率が日本と他国では全く異なりますので、他のアジア諸国は日本の20年くらい前の状況に似ているということかもしれません。ただしパワーエレクトロニクス技術自体は日進月歩で進歩していますので、成熟した技術を用いた機器が今後各国において普及する速度は、これまでの我が国よりずっと速いと考えられます。

　このような事情は何もアジア諸国だけでなく、欧米でも同じような状況であることはこれまでも述べてきました。

　例えば、家電販売店に行くとすぐにわかるように、日本では家庭用の

エアコンや冷蔵庫の多くがインバータタイプですが、欧米やアジアではまだほとんどこれらは普及しておりません（そのことはIEC国際会議でも何度も話題になりました）。しかし、そのすばらしい省エネ特性と自在な温度管理など機能性の高さから、日本以外の地域でもコスト次第で今後急速に普及していくであろうことは容易に想像できます。

また、③④⑥⑦は密接に関連しています。すなわち、③の認識はそうなのですが、⑦で述べているように高調波電流発生源側での対策が効率的かつ合理的というのが基本認識、そうは言っても⑥で述べているように発生源が特定できない場合も多い。そこで④のような高調波関連規格をどう策定して運用すれば高調波障害を防げるのか、といった課題を各国・地域で抱えているのが現状と言えます。

何度も述べてきたように、障害の原因が大型の高調波電流発生機器に特定されたケースでは、発生源側で対策するというのは、欧米も含めて共通の認識がすでに確立されています。これは他の、例えば公害問題などとの比較においても、常識的な考え方と言えます。

一方、不特定多数の発生源が原因で障害が発生するケースは対策がやっかいですが、これに対しては、需要家ごと、または機器ごとに高調波電流発生量を管理する以外には原理的に有効かつ合理的な対策方法はないのではないでしょうか。

この考え方に基づいて策定されている高調波関連規格が、IEC 61000シリーズやIEEE 519、そして日本の2つの高調波抑制対策ガイドラインです。このうちIEC 61000シリーズでは、機器ごとの対策に関する規格としてIEC 61000-3-2（入力電流16A以下の低圧機器対象）とIEC 61000-3-12（入力電流16A超過の低圧機器対象）がありますが、需要家ごとの対策に関してはまだ発効している規格はありません。

一方IEEE 519は、第5節で述べたとおり、需要家ごとの対策に関する規格ですが、機器ごとの規格に関してはIEEEとして提唱しているものはありません。これに対し、我が国では、

● 電気主任技術者の選任が義務付けられているため需要家単位での高調波管理が可能と考えられる高圧・特別高圧需要家については、需要家

ごとの高調波電流上限値を定めた「高圧又は特別高圧で受電する需要家（特定需要家）の高調波抑制対策ガイドライン」を適用
● 需要家単位での高調波管理が事実上不可能と考えられる低圧一般需要家については、IEC 61000-3-2をベースに個々の低圧機器自体での高調波電流上限値を定めた「家電・汎用品高調波抑制対策ガイドライン」（現JIS C 61000-3-2）を適用。

のコンビネーションにより、有効な対策がほぼ、網羅されており、これまで述べてきたように、効果も上がってきています。

日本を除くアジア諸国でまだ高調波関連規格類が整備されていないのは、②の事情、すなわちまだ高調波問題がそれほど顕在化していないためですが、今後整備していく方向であることはレポートからも明らかです。

次に⑤（表15）は非常に興味深いもので、多くの国・地域で総合電圧歪み率の上限値が設定されており、日本の数値（高圧系統では5％、特別高圧系統では3％）は標準的なものということがわかります。

さらに⑧⑨については、日本以外の国でも高調波問題の顕在化に備えた体制を整えているところが多いということです。ただし⑩でわかるように、測定データの公表などは行われていません。これは欧米も全く同様で、日本のように毎年、全電力会社で測定し、そのデータを取りまとめて公表している国は他にないようです。

レポートの最後に結論として提言されている(a)～(d)の4点は極めて妥当なものと考えます。

特に(b)の、「行政、電力会社、機器製造者、需要家が協調して取り組むべき」は本書でも繰り返し述べてきたことであり、日本では非常にうまく実現されてきたので各国のお手本となるべきものです。

また、(c)の「各国／地域共通の国際標準規格により管理」については、少なくとも機器ごとの上限規格についてはIEC 61000シリーズがその役割を担っていくであろうことは明らかです。

我が国ではその先駆けとして、1994年にいち早くIEC 61000-3-2ベースのガイドライン（現行JIS C 61000-3-2）を制定して対応しました。

また、中国でもすでにIEC 61000-3-2を適用していますし、韓国も高調

波関連規格策定作業を行うIEC/SC77A/WG1に委員を送り込んでIEC 61000シリーズの適用を検討しているように、国際規格導入の具体的な動きが日本以外でもすでに進みつつあります。このような流れは、電力品質小委員会での議論をきっかけにAESIEAP諸国において加速するであろうと思います。

　一方で、需要家ごとの上限値については、我が国ではIEEE 519を採用せずに独自のガイドラインを制定したのですが、これは電力系統構成や地域特性など各国・地域で異なる事情に配慮して、より日本にふさわしいものを大変な労力をかけて策定したものです。

　基本的な考え方として、機器ごとの上限規格については、国際市場で活動する製造者側の観点、ひいては社会コストの観点から国際統一されるべきですが、需要家ごとの上限値についてはそのような制約はなく、各国・地域の事情にあわせてある程度弾力的に運用されても構わないのではないでしょうか。あるいは、需要家ごとの上限値を一切やめて、大型機器に至るまですべて機器側の上限規格で対応するとの考え方もあり得ますが、この点はまだ国際的な共通認識ができていないのが現状です。

7. 諸外国における高調波の実態と考察のまとめ

　本章では、欧米諸国とアジア諸国の高調波の実態について紹介し、日本との比較という観点から考察を行いました。読者の皆様も初めて見る内容が多かったのではないでしょうか。もちろん各国・地域で事情はそれぞれなのですが、総じて言えそうなのは高調波問題に関しては、状況や認識にそれほど大きな違いはない、ということです。

　具体的には、「高調波は現状ではまだ（日本など一部を除いて）問題として顕在化していないが、パワーエレクトロニクス技術を応用した高効率機器の普及に伴い、近い将来大きな問題となり得るので先見的な対応が必要と認識し、それなりの体制を整えつつある」ことや、「発生源側での対策が合理的かつ効率的であり、そのための国際共通規格の必要性を認識して各国協力して策定作業を行っている」といった点です。

停電が当たり前に発生し、電力品質の定義は停電しないことだけで、瞬時電圧低下や高調波どころではない、という国がまだ多く存在することも事実ですが、電力の供給信頼度が一定レベル以上に維持されている国では、世界中で高調波に関してほぼ同様の状況と推定することができると思います。

　最先端のパワーエレクトロニクス技術を背景とした世界一の省エネ先進国である日本は、地球環境問題においてその実績をもっとPRし、他国を強力に指導していくべき、と考えますが、一方で省エネ技術の数少ない「影」の部分の一つである高調波問題に関しても先進国であり、欧米諸国、アジア諸国の「お手本」となるべき実績を残してきました。そのことは本書で繰り返し述べ、また多くの国際会議などにおいて筆者が主張してきたことでもあります。

　諸外国における実態と考察を通じて、高調波問題における日本の役割の大きさと貢献度合をご理解頂けたなら、筆者として望外の幸せです。

第7章

日米欧の配電ネットワーク構成とリファレンスインピーダンス

1．日米欧の配電ネットワーク構成の比較
1—1　欧州タイプと米国タイプ
　前章では、欧州と米国で電力会社の成り立ちが大きく異なることに触れましたが、技術的な面で、配電ネットワーク構成も大きく異なります。そして日本の配電ネットワークはどちらかと言えば米国タイプに近いですが、独自の構成を持っています。これらについて以下に解説します。
　図33は日米欧の配電ネットワーク構成の違いを説明したもので、イラストはそれをわかりやすくイメージ化したものです（トランス君という新キャラが登場しました）。
　まず、HV（33kV以上の高電圧）変電所からMV（1〜33kVの中電圧）の配電線で柱上変圧器（トランス）まで送り、そこからLV（1kV未満の低電圧）の低圧線で需要家に配電するという基本構造は共通です。また、これらの配電ネットワークは、主として需要家の電力使用量の変動に対して電圧変動を許容値内に維持するとの思想で設計されていることも同じです。

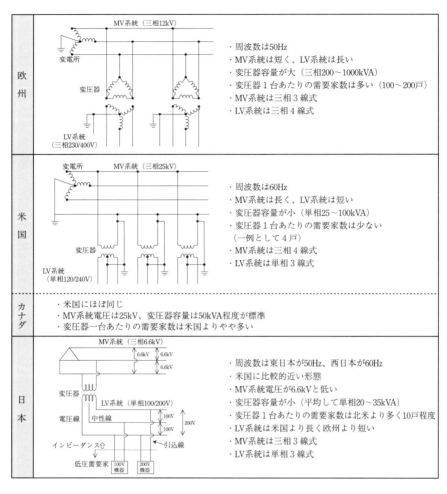

〔図33〕日米欧の配電ネットワーク構成の違い

　大きな違いは、欧州タイプでは比較的短いMV系統から大容量の柱上トランスまで送電し、そこから長いLV系統で多くの需要家に電力を供給するのに対し、米国タイプではその逆に、長いMV系統で需要家近くの小容量の柱上トランスまで送電し、そこから短いLV系統で少数の需要家に電力を供給する、ということです。

　この差異の決定的な要因となっているのはLV（低圧）配電電圧、す

- 130 -

北米のスリムなトランス君と欧州の太めなトランス君

なわち家庭用機器の標準電圧の違いです。すなわち欧州では三相230Vが標準であるのに対し、米国では単相120Vが主体です。

　一般に、電圧が高いほど多くの電力を遠方まで低損失で送ることができます（注：このため原子力や火力の大電源で作られた電力は50万Vなどの超高圧送電線で送られます）ので、欧州のLV系統の方が長距離かつ大電力（＝多数の需要家）を送電できることになります。このためLV系統が長く、また多くの需要家に送電するため必然的に柱上トランスの容量が大きくなります。

　これに対し米国タイプでは、LV系統を長く引き伸ばせないので、MV系統を需要家の近くまで持ってきて、そこから少数の需要家に小容量の柱上トランスで送電することになります。これらは一長一短があり、どちらが全面的に優れているということではありません。

　例えば、需要家の位置に対する弾力性をみると、欧州タイプの方がLVを長く弾力的に伸ばせるために、需要に対してMV系統と柱上トランスの位置をそれほどシビアに考える必要がありません。つまり既存エリア外への新規供給をLV系統で容易に行えます。この点はメリットです。

　一方、米国タイプではもともとLV系統よりも容量の大きなMV系統（注：その理由は前述のとおり電圧の違いによります）が縦横に張り巡らされていますので、既存エリア内での新規需要に対しての裕度が高い（MV系統に余裕がある）というメリットがあります。

つまり、MV配電線に余力があるので、仮に大きな新規需要が既存エリア内に発生しても、柱上変圧器を交換して、新たに短距離のLV配電線を設置するだけで対処できます。一方、欧州タイプでは、既存エリア内に大きな新規需要が発生すれば、柱上トランスの交換（もともと米国タイプより大容量なので交換コスト大）とLV系統の再編成、場合によっては根元のMV系統まで増強の必要が生じます。

　以上を一言で言えば、既存エリア内での需要増加に対する柔軟性では米国タイプが、また既存エリア外への新規需要に対する弾力性では欧州タイプがそれぞれ有利ということです。

　次に、建設やメンテナンスの面では、当然電圧が低い方が一般に容易ですので、LV系統の比率が高い欧州タイプの方がメリットがあります。具体的には、LV系統の方が感電防止のための必要離隔距離が短く、電柱も低く、碍子も少なくてすみ、万一の事故の場合の深刻さも小さくて

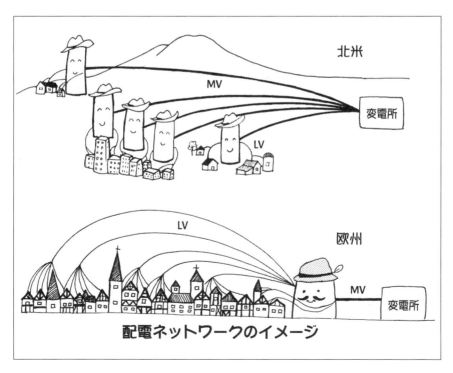

配電ネットワークのイメージ

すみます。

　さらに欧州タイプの方が柱上トランス容量が大きいということは、トランスの数が少ないということですので、ヒューズやスイッチ、避雷器など故障から停電につながる周辺機器も少なくてすみ、全体的に故障頻度が少なくなります。ただし、一度故障するとその影響は当然米国タイプよりも広範囲に及びます。

　このように一長一短があるのですが、日米欧など先進国ではすでに配電ネットワークが確立しているため、今さら他の方式に変更することはあり得ません。従って、自国の方式のメリットを最大限生かして、欠点をカバーするような建設、メンテナンスを行っているわけです。

　一方、電化率の低い発展途上国においては、これから配電ネットワークを本格的に構築していくわけですから、どちらの方式を採用するかという比較検討が非常に重要になります。一般にこのような国で最重要視するのは当然コストで、中でも将来的な運用コストというよりも初期投資額が最大の関心になります。この点で、欧州タイプと米国タイプのいずれが優れているかというと、実はこれもケースバイケースです。

　需要密度が高い、つまり需要家が集中しているような地域では、配電線をたくさん張り巡らせる必要がないので、ネットワーク建設コスト全体の中で配電線コストの占める割合が比較的低く、逆に柱上トランスコストの占める割合が比較的大きくなります。このようなケースでは、トランス容量が大きくスケールメリットが期待できる欧州タイプの方が初期投資は小さくなります。

　一方需要密度が低い、つまり需要家が点在しているような地域では、配電線コストの占める割合が比較的高く、逆にトランスコストの占める割合は比較的小さくなります。このようなケースでは、米国タイプの方が初期投資は小さくなります。

　以上から、需要密度の高い地域では欧州タイプが、また需要密度の低い地域では米国タイプが向いているとの結論になる（イラストもそのイメージです）ため、発展途上国では米国タイプの採用の方が多いようです。

なお、発展途上国で欧州タイプを採用した場合には、LV系統の増設が容易なために、「あと一軒だけ」安易に接続しがちで、これが電圧低下や停電の発生など供給信頼度低下の一因になっているとの指摘もあります。

1－2　カナダの配電ネットワーク

図33に示すように、カナダは米国とほぼ同じタイプで、従ってこのタイプを「北米型」と称することもあります。

ただし、柱上トランス容量は米国の平均よりやや大きい50kVA程度のため、トランス1台当たりの需要家数は米国より多く、従ってLV系統の長さは米国よりやや長くなります。

1－3　日本の配電ネットワーク

これも図33を参照頂ければと思いますが、中性点接地方式などが異なるものの、欧州タイプよりも米国タイプに近い形態です。これは低圧標準電圧が単相100Vと米国に近いことが主な理由です。

柱上トランス容量は米国並でカナダより小さいのですが、低圧需要家1戸当たりの電力需要が米国より少ないため、トランス1台当たりの需要家数は米国より多くなっています。このことから、LV系統の長さは米国より長く欧州より短い結果になります。

その他に日本の配電系統の決定的な特徴は、周波数が東日本と西日本で異なることで、これは世界唯一と言えます。

またMV系統電圧が欧米より低い6.6kVであるのは、国土が狭く需要が密集している日本に最適な電圧として採用された歴史的経緯があります。

この6.6kVという電圧は、欧州でのMV電圧（12kV程度）とLV電圧（230V）のちょうど中間のような値であり、欧州タイプと米国タイプを研究して我が国の風土に最適な配電ネットワークを構築しようとした先人の知恵がうかがえます。

いずれにせよ、日米欧加の配電ネットワーク構成の違いは、各々の地域の特性を反映したものであることをご理解頂けるかと思います。

2．リファレンスインピーダンス

本書ではこれまで、リファレンスインピーダンスとその重要性については何度か述べてきました。

高調波電圧歪み率が高調波電流発生量とその地点から電力系統を眺めたインピーダンスの積で表わされる（＝オームの法則）以上、機器（あるいは需要家）からの高調波電流発生量に上限値を設定する際に、リファレンス（基準）インピーダンスは決定的な役割を果たします。

本節では、このリファレンスインピーダンスについて、日本での調査結果を紹介し、欧州、米国、カナダの調査結果と比較、分析を行います。

2－1　日本のリファレンスインピーダンス調査結果

日本の配電ネットワークの概要については、前節の図33で示しましたが、より現実のイメージに近いのが図34です。また、これを電気的な等価回路に変換したのが図35です。

リファレンスインピーダンスの調査は、この等価回路をもとに、変圧器インピーダンス（Z_t）、LV電圧線インピーダンス（Z_e）、LV中性線イ

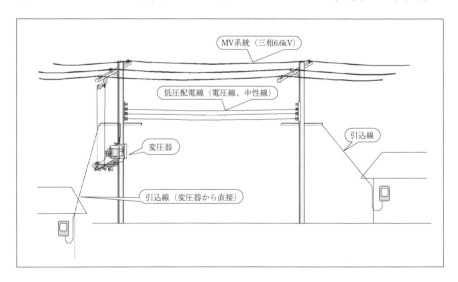

〔図34〕配電系統概要図

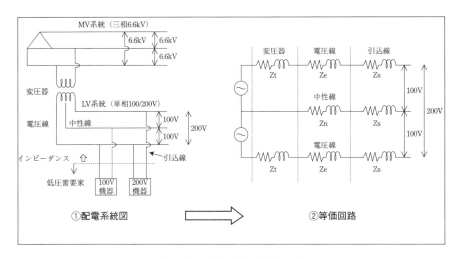

〔図35〕配電系統の等価回路

ンピーダンス（Zn）およびLV引込線インピーダンス（Zs）をそれぞれ個別に調査、集計し、

　　100V回路インピーダンス＝Zt+Ze+Zn+2Zs
　　200V回路インピーダンス＝2Zt+2Ze+2Zs

の式からインピーダンスを算定したものです。

　なお、リファレンス（基準）インピーダンスとしては、IECと同じく全体の90％値を採用しました。これはインピーダンスの大きい方から10％の数値を意味します。「多数の」需要家をカバーする数値として、この90％値が妥当とされているようです。これはもともと「両立性」の概念が、「大多数のエミッション（妨害発生）に対して大多数のイミュニティ（耐量）がクリアしている状態」という、統計的な考え方をベースにしていることと符合します。

　この調査は電気事業連合会によって1999年に行われ、その結果はIEC/SC77A国内委員会で報告された後に、2000年5月のIEC/SC77A/WG1国際会議の場で筆者から報告されました。

　調査結果を表16に示します。調査サンプル数を表下に示しております

〔表16〕リファレンスインピーダンス（Zref）調査結果（1999年）

（単位：mΩ）

		50Hz		60Hz		Total	
		Z ave	Z 90%	Z ave	Z 90%	Z ave	Z 90%
変圧器	Zt	16.8+j17.8	36.0+j34.4	25.1+j26.4	38.7+j34.2	21.2+j21.7	37.6+j34.3
低圧配電線	電圧線Ze	14.2+j8.5	37.9+j25.1	10.0+j8.3	30.1+j26.3	12.0+j8.4	33.4+j22.3
	中性線Zn	15.6+j8.6	39.3+j21.9	16.4+j8.7	42.7+j40.7	16.1+j8.7	45.1+j28.1
引込線	Zs	27.5+j0.9	57.6+j1.5	27.8+j1.7	55.4+j1.9	28.5+j1.3	57.5+j1.9
合計	100V回路 (Zt+Ze+Zn+2Zs)	101.6+j36.7	228.5+j84.4	107.1+j46.8	222.3+j105.0	106.3+j41.4	231.1+j88.5
	200V回路 (2Zt+2Ze+2Zs)	117.0+j54.4	263.0+j122	125.8+j72.8	248.4+j124.8	123.4+j62.8	257.0+j117.0

・Zave：平均インピーダンス、Z90％：90％値
・調査サンプル数は以下のとおり

	50Hz	60Hz	計
変圧器	1,625,872	1,558,693	3,184,565
低圧配電線	267	211	478
引込線	270	300	570

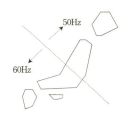

　が、かなりの母数であることはおわかり頂けると思います。

　特徴的なのは、東日本の50Hz系統と西日本の60Hz系統でそれほど数値に差がない、ということです。実はこの点は非常に重要です。というのも、前述したとおりIEC 61000-3-2の策定・改定作業において、欧州と米国の対立がずっと続いてきたのですが、あまりにも両者の主張に隔たりがあるため、IEC/SC77Aの中で「統一的な規格として合意が得られないのなら、50Hz（欧州）と60Hz（米国）で異なる規格にすればいい」との議論が数年前に発生しました。

　表16のデータをIEC/SC77A/WG1に提出したのは、ちょうどそのような議論が沸騰しているタイミングで、筆者たち日本の委員はこの調査結果を踏まえて、「周波数の違いによるリファレンスインピーダンスの有意な違いはない。従って周波数によるダブルスタンダードは技術的意味がない」との主張を展開しました。

　この主張は、データに基づく合理的主張と理解され、結果として周波数によるダブルスタンダードの議論は収束しました。

読者も容易に想像できるように、万一、50Hz機器と60Hz機器に別規格（2種類のIEC 61000-3-2）が設定されてしまえば、両周波数を持つ我が国としては機器製造者、電力会社ともに非常に困った事態に陥るため、このようなデータの提出と意見の主張を行ったわけですが、最悪の事態を避けられたのは幸いでした。

2－2　各地域のリファレンスインピーダンス

　表17は、日本、欧州、米国、カナダのリファレンスインピーダンス調査結果を比較したものです。

　日本の数値に2種類あるのは、前項で述べた1999年調査結果の前に、1983年に同様の調査を行った結果が存在するためです。

　欧州のリファレンスインピーダンスが30年も変化していないことは前述しましたが、日本では表17において明らかなとおり、16年間でかなり数値が減少しています。これは、この間の需要（と需要密度）の大幅な増加に対応して配電ネットワークが拡張された結果です。

　具体的には1戸当たりの需要量が増加したことにより柱上トランス1台当たりの需要家数が減少するとともに、需要密度の増加（家屋の密集）により低圧配電線1本当たりの平均亘長が低下したため、と分析されています。一言で言えば、LV系統が平均的に短くなった、ということです。

　リファレンスインピーダンスは、低圧需要家の電力受給地点から配電ネットワークを眺めたインピーダンスですから、LV系統のインピーダンスが支配的であり、MV以上の上位系統のインピーダンスはあまり影響しません。

　このことから、「LV系統が短いほどリファレンスインピーダンスは小さくなる」との一般的結論が導けます。日本の新旧の数値はまさにこれを証明しています。

　さらに表17で各地域のリファレンスインピーダンス値を比較すると、
　　米国 ＜ カナダ ＜ 日本 ＜ 欧州
であり、これは前節で解説した各地域の配電ネットワーク構成から予想される順序と正確に一致します。つまりMV系統が長くLV系統が短い米

国でのインピーダンス値が最も小さく、逆にMV系統が短くLV系統が長い欧州でのインピーダンス値が最も大きくなっています。またLV系統が米国より長く欧州より短いカナダと日本が両者の間の数値を示しています。

　実は各地域のリファレンスインピーダンスの調査方法は必ずしも同一ではないのですが、以上の考察から、表17の各地域の調査結果はそれなりに整合がとれた妥当なものと評価できると思います。

　いずれにしても、現在IEC/SC77A/WG1で議論されているIEC 61000-3-2全面改定版では、こういったリファレンスインピーダンスの違いについても議論されており、その成り行きが注目されます。

〔表17〕日米欧のリファレンスインピーダンス比較表

地域	調査時期	低圧回路	リファレンスインピーダンス(Ω)
欧州	1970年代	三相230V	0.40＋j0.25
米国	1999年	単相120/240V	0.090＋j0.047［120V回路］ 0.102＋j0.059［240V回路］
カナダ	1998年	単相120/240V	0.190＋j0.062［120V回路］ 0.200＋j0.080［240V回路］
日本（新）	1999年	単相100/200V	0.231＋j0.089［100V回路］ 0.257＋j0.117［200V回路］
日本（旧）	1983年	同上	0.397＋j0.138［100V回路］ 0.380＋j0.170［200V回路］

【出展】
・欧州　　　：IEC 61000-3-2
・米国　　　：EEI Survey for IEC Reference Impedance, Preliminary Results, May 28,1999
・カナダ　　：Source Impedances of The Canadian Distribution Systems, Institut de Recherche d'Hydro-Quebec, 1998
・日本（新）：電気事業連合会で調査し、IEC/SC77A/WG1および同国内委員会に報告した数値
・日本（旧）：低圧回路高調波対策専門委員会で調査し、家電・汎用品高調波抑制対策ガイドライン（1994年発効）で測定回路インピーダンスとして採用された数値

第8章

実践講座のまとめ

1. 日本の高調波抑制対策関連規格

　我が国には、低圧機器単位での高調波電流発生量上限値を定めた「JIS C 61000-3-2」(IEC 61000-3-2に準拠、旧「家電・汎用品高調波抑制対策ガイドライン」(以下、家電・汎用品ガイドライン))と、高圧以上で受電する需要家単位での高調波電流発生量上限値を定めた「高圧又は特別高圧で受電する需要家の高調波抑制対策ガイドライン」(以下、特定需要家ガイドライン)の2種類が存在し、有効に機能してきたことは繰り返し述べてきました。

　しかしながら、高調波問題全体の技術的・社会的経緯と併せて第3章で簡単に解説した以外には、それらの詳細な内容についてほとんど触れてきませんでした。

　それは、本書の読者の方は先刻ご存じの内容ではないか、また別の多くの記事等ですでに解説されている、といった理由からですが、やはり「高調波実践講座」を名乗る以上触れておかねば、と思い直した次第で

す。

　本節では、2種類のガイドライン制定に至った経緯と、各々の具体的内容について解説します。

1―1　経緯

　パワーエレクトロニクス技術の進展に伴い高調波障害が昭和50年代頃から顕在化してきたことを踏まえ、昭和61年7月から昭和62年5月にかけて設置された「電力利用基盤強化懇談会」（通商産業大臣の私的諮問機関）のテーマの一つとして高調波問題が取り上げられました。

　その報告書の中で、高調波環境目標レベルとして、「特別高圧系統では総合電圧歪み率3％、6kV配電系統では同5％」が妥当であること、また機器から発生する高調波電流を適正レベルに維持することが必要であることが示されました。

　第3章で述べたように、電気学会や電気協同研究会などの技術報告書としては、それ以前から高調波について数多く取り上げられてきましたが、行政レベルで対策の必要性が明記されたのはこれが初めてと言えます。これを受けて、社団法人 電気協同研究会に高調波対策専門委員会が設置され、平成2年6月に報告書が取りまとめられました。

　その中では、2010年頃までの将来予測シミュレーションを踏まえ、当時レベルの高調波環境を維持していくためには、家電・汎用品からの高調波電流発生量の25％を、また高圧以上の需要家からの高調波電流発生量の50％を各々削減する必要性が示されました。

　特に後者については、個々の需要家からの高調波電流発生量の上限値まで試算結果が示され、これが後の特定需要家ガイドラインにほぼそのまま踏襲されています。

　その後、この検討結果を踏まえた高調波抑制対策関連規格の制定が関係者により協議されましたが、直接的には平成6年春に発生した人身事故を大きなきっかけとして、同年10月3日に2種類の高調波抑制対策ガイドラインが通商産業大臣からの通知の形で制定されました。その際に、家電・汎用品ガイドラインについては社団法人 日本電気協会の電気用品調査委員会で、また特定需要家ガイドラインについては同協会の電気

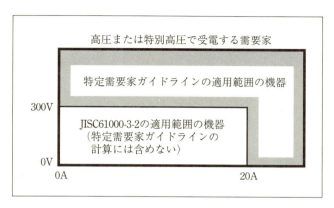

〔図36〕特定需要家ガイドラインと
JIS C 61000-3-2 の対象機器の範囲

技術基準調査委員会で審議され、内容が固められました。

　こうして、世界に誇れる先見的な高調波抑制対策規格として2種類のガイドラインが発効したわけですが、家電・汎用品ガイドラインについては、もともと国際規格IEC 61000-3-2をベースにしたものでもあり、国際的な認知性の観点（具体的には日本への輸入製品への適用の容易性など）から、平成15年12月にJIS C 61000-3-2に形を変えて現在に至っています（注：厳密には平成16年9月まではガイドラインとJIS Cが併存していました）。

　なお、両ガイドラインの大きな特徴として、需要家間、機器間の公平性を最重要視している点が挙げられます。具体的には、需要家や機器が接続される地点の既存高調波電圧歪み率やインピーダンスなどの外的条件に一切関係なく、すべての機器、需要家に対して同一の高調波電流上限値が適用されるということです。

1—2　2種類の規格の適用範囲

　片や低圧機器単位の規格、片や需要家単位の規格ですから、その適用範囲は本来明確です。ただし、特定需要家ガイドラインの対象となる高圧以上の需要家にも、当然家電・汎用品ガイドラインの対象となるパソコンや照明器具などが多く存在します。従って、これら機器からの高調波電流発生量もカウントして需要家からの発生量を算定すれば、二重規

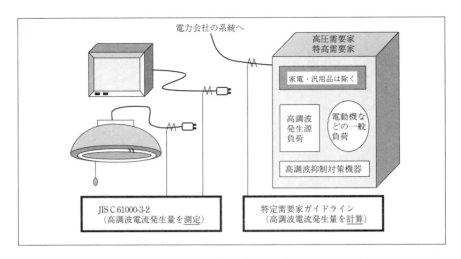

〔図37〕JIS C61000-3-2と特定需要家ガイドラインの違い

制のようなことになってしまいます。そこで、特定需要家ガイドラインでは、家電・汎用品ガイドライン対象機器は計算に加えないこととしています（図36）。

　また、2種類のガイドラインの大きな違いとして、家電・汎用品ガイドラインでは、機器単体特性を「測定」してガイドライン適合の可否を判断することになっているのに対し、特定需要家ガイドラインでは、需要家に設置されている高調波電流発生機器からの発生量を「計算」して合算することになっていることが挙げられます（図37）。

　これは、低圧機器単体での測定が比較的容易で外部条件にもあまり左右されないのに対し、特定需要家の受電点における測定はかなり大掛かりになることに加え、電力系統にすでに存在している高調波との区別が困難との理由によります。

　これらのことから、家電・汎用品ガイドライン（およびJIS C61000-3-2）には詳細な測定方法が、また特定需要家ガイドライン（およびその解説書であるJEAG9702「高調波抑制対策技術指針」、日本電気協会）には詳細な計算方法がそれぞれ述べられています。

〔表18〕 クラスA機器に適用される限度値A

高調波次数 n	最大許容高調波電流 [×（230／定格電圧）] A	
	クラスA機器に適用される限度値A （クラスBは1.5倍）	有効入力電力600Wを超える エアコンディショナに適用する限度値
奇数高調波		
3	2.30	2.30＋0.00283（W－600）
5	1.14	1.14＋0.00070（W－600）
7	0.77	0.77＋0.00083（W－600）
9	0.40	0.40＋0.00033（W－600）
11	0.33	0.33＋0.00025（W－600）
13	0.21	0.21＋0.00022（W－600）
15≦n≦39	0.15×(15/n)	[0.15＋0.00020（W－600）]×(15/n)
偶数高調波		
2	1.08	1.08＋0.00033（W－600）
4	0.43	0.43＋0.00017（W－600）
6	0.30	0.30＋0.00012（W－600）
8≦n≦40	0.23×(8/n)	[0.23＋0.00009（W－600）]×(8/n)

〔表19〕 クラスC機器に適用される限度値C

高調波次数 n	照明機器の基本波入力電流の百分率 として表わされる最大値　％
偶数高調波	
2	2
奇数高調波	
3	30×回路の力率
5	10
7	7
9	5
11≦n≦39	3

〔表20〕 クラスD機器に適用される限度値D

高調波次数 n	電力比例限界値 [×(230／定格電圧)] mA/W	最大許容高調波電流 [×(230／定格電圧)] A
3	3.4	2.30
5	1.9	1.14
7	1.0	0.77
9	0.5	0.40
11	0.35	0.33
13≦n≦39	3.85/n	限度値Aの表による

1－3　家電・汎用品高調波抑制対策ガイドライン（現JIS C 61000-3-2）

　JIS C 61000-3-2は、国際規格IEC 61000-3-2をベースとし、日本固有の事情に配慮した一部変更（deviation）を加えて構成されたものです。

　以下に示すA、B、C、Dのクラス分けを行ったうえで、各々について次数ごとに高調波電流上限値を設定しているという基本部分はIECに同じです。

（クラスA）
・平衡三相機器
・家庭用電気機器（他クラスに分類されるものを除く）
・電動工具（クラスBに分類される手持ちタイプを除く）
・白熱電球用調光器

・その他、他のクラスに属さない機器
(クラスB)
・手持ち電動工具
・専門家用ではないアーク溶接機
(クラスC)
・照明機器全般
(クラスD)
・パソコンおよびパソコン用モニター（600W以下）
・テレビ（600W以下）
・インバータ型冷蔵庫（600W以下）

　クラスA、C、Dの具体的な上限値を表18〜表20に示します。なおクラスBの上限値は単純にクラスAの1.5倍ですので、あえて表を添付しておりません。

　本家IEC規格との大きな違い（deviation）は、まず上限値に「×(230)／定格電圧」の係数が乗じられることで、これは容易に想像できるように低圧標準電圧の違いを反映（電圧換算）したものです。

　これを少し解説すると、例えば230V用に販売されたパソコンを日本で使うために、230/100Vの変圧器を介したとすると、100Vの低圧系統側に流出する高調波電流は230Vで使用した場合と比較して2.3倍になります（注：これは変圧器の基本的原理です）。

　従って、この場合の高調波電流上限値をIEC規格の2.3倍にしておかな

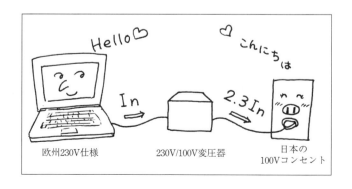

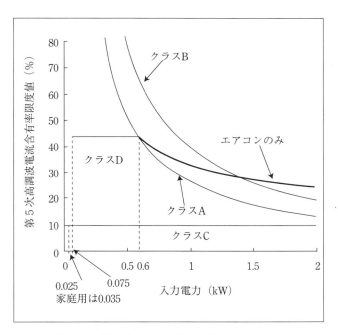

〔図38〕第5次高調波電流含有率の上限値

いと、同じパソコンが「欧州では合格、日本では不合格」となり、不都合が生じます。先に述べたように、日本のガイドラインは公平性を最優先していますので、その観点から電圧換算手法による上限値設定が行われました。

　また、600W以上のインバータ型エアコンについてIEC規格より緩和された上限値が独自に設定されていることや、クラスDにインバータ型冷蔵庫が加えられていることも国際規格からのdeviationですが、これらはインバータ型家電機器の普及率が諸外国と比較して極端に高い我が国固有の事情によるものです。

　なお、第5次高調波電流含有率（注：電流の絶対値ではない）の観点から各クラスの高調波電流上限値を示したのが図38です。これによるとクラスC（照明器具）の上限値が他のクラスと比較して厳しいことがわかります。これは、照明器具は一般に「単体の使用頻度」と「複数機

の同時使用頻度」のいずれも非常に高いと想定されるためです。同様に、全く逆の状況と言えるクラスBの手持ち電動工具の上限値は緩くなっています。

現在、IEC/SC77A/WG1では、これらクラス分けや上限値自体も含めて、IEC 61000-3-2全面改定の作業を行っている最中であり、その方向によっては当然JIS C 61000-3-2も改定されますので、動向が注目されます。

1—4　高圧または特別高圧で受電する需要家の高調波抑制対策ガイドライン（特定需要家高調波抑制対策ガイドライン）

高圧や特別高圧で受電する需要家は一般に電力使用量が大きく、従って大型機器が設置されており電力系統への影響も大きいこと、またこれらの需要家には電気主任技術者の選任が義務付けられているため高調波などの課題に関して専門的な対応が可能であること、などの理由により、これら需要家については機器ごとの高調波電流上限値ではなく、需要家単位での高調波電流上限値が設定されています。それがこの特定需要家ガイドラインで、JIS C 61000-3-2とは異なり完全に日本独自の規格です。

具体的な上限値は表21のとおりで、この数値は前述の電気協同研究会報告第46巻第2号「電力系統における高調波とその対策」（平成2年6月）で提案されたものと基本的に同一です（異なるのは110kV以上への上限値を電圧換算により追加したことのみ）。

具体的数値の解説を表中に示していますが、受電電圧による違いについては、単純な電圧換算手法（前節で説明したJIS C 61000-3-2の上限値設定と同じ考え方）により設定し、また次数による違いについては、第5次高調波を基準として$5/n$倍（注：nは高調波次数）して設定しています。

なお、受電電圧6.6kVだけは、前記の電圧換算値になっていませんが、これは6.6kV配電系統の高調波環境目標レベルが総合電圧歪み率5％であり、22kV以上の特高系統の同3％とは異なるためです。

本ガイドラインの特徴として、計算のみにより上限値への適合可否を判断することをすでに述べましたが、計算の簡略化のため、上限値計算の前段階として、高調波発生機器を6パルス変換装置相当の等価容量に

〔表21〕契約電力1kWあたりの高調波流出電流上限値

(単位:mA/kW)

受電電圧	5次	7次	11次	13次	17次	19次	23次	25次超過
6.6kV	3.5	2.5	1.6	1.3	1.0	0.9	0.76	0.70
22kV	1.8	1.3	0.82	0.69	0.53	0.47	0.39	0.36
33kV	1.2	0.86	0.55	0.46	0.35	0.32	0.26	0.24
66kV	0.59	0.42	0.27	0.23	0.17	0.16	0.13	0.12
77kV	0.50	0.36	0.23	0.19	0.15	0.13	0.11	0.10
110kV	0.35	0.25	0.16	0.13	0.10	0.09	0.07	0.07
154kV	0.25	0.18	0.11	0.09	0.07	0.06	0.05	0.05
220kV	0.17	0.12	0.08	0.06	0.05	0.04	0.03	0.03
275kV	0.14	0.10	0.06	0.05	0.04	0.03	0.03	0.02

66/22倍、66/154倍などのように電圧換算

5/11倍、5/17倍などのように、5/n倍

換算した上で合算し、これが一定量以下であれば影響は小さいとして、その後の上限値適合可否の計算は不要、とのルールになっています。

6パルス変換装置相当の等価容量が一定レベル(例として6.6kV受電の場合は50kVA)を超過した場合には、高調波電流発生量を計算して上限値と比較する作業が必要になります。

文章で書くと複雑ですが、実際にはそう難しい計算ではありません。前述のJEAG9702「高調波抑制対策技術指針」(日本電気協会)には非常に詳細に計算方法が解説されておりますので、必要な読者はぜひご参照下さい。

2．高調波問題に関する今後の展望

これまで述べてきたように、諸外国の実態と比較して日本は早くから高調波問題が顕在化してきました。

これは、資源に恵まれない国の特性もあって省エネ意識・省エネ技術ともに非常に高く、インバータ型など高効率電源が家電製品にも幅広く普及していること、また力率改善用コンデンサが高圧需要家のほぼ100%に設置されていること、などによるものです。

これらは当然、効率化・省エネの観点からは社会に大きく貢献しているすばらしいことなのですが、その一方で高調波問題の観点からは、発

生源と障害を受けやすい機器の両方ともに多いことになります。

　このため、1994年に2種類の高調波抑制対策ガイドラインが制定され、その効果が着実に上がってきているのも繰り返し述べてきたとおりです。ただ、現在でも、人身事故にも繋がりかねない調相設備の焼損事故が、依然として報告されているのも事実です。

　従って、従来どおりガイドライン（および現JIS C）の遵守を中心として行政、電力会社、機器製造者、機器使用者が一体となった対応を継続していくことが非常に重要ですし、また高調波問題の最先進国として、今後問題が顕在化してくると認識している諸外国をリードしていくことが、国際貢献や新たなビジネスチャンスの発掘といった観点からも重要だと確信します。

　我が国の今後については、
- 経年機器取替等に伴う、実使用機器に占めるJIS C 61000-3-2適合品の比率向上および特定需要家ガイドライン対象機器の高調波電流抑制対策実施率の向上
- 省エネ法施行による機器一台当たりからの高調波電流発生量の減少（注：高調波電流含有率が同等なら消費電力低減により高調波電流発生量も減少）
- 新JIS（JIS C4902-1998）に準拠した、すなわち高調波耐量の向上した調相設備の普及拡大

といった、高調波問題に関して歓迎すべきプラス要因と、
- 省エネ意識の高まりや原油高騰などによる高効率機器のさらなる開発と普及
- ブロードバンド（常時接続）の急速な普及に伴うパソコン台数と稼働率の上昇
- 分散型電源（風力、太陽光、燃料電池等）普及に伴うインバータ型交直変換器の普及拡大

といった、高調波問題に関しては懸念すべきマイナス要因が混在しており、さらにIEC 61000-3-2全面改定の不透明な動向などもあって、今後の予測はなかなか難しいのが正直なところです。

大切なのは、電力系統電圧歪み率や障害実績など高調波実態調査の正確なデータに基づいて、技術的、合理的、経済的な対応を関係者が協議して行っていくことだと思います。これはまさに「両立性」の目指すところです。そのためのほんの一つのヒントにでもなれば、本講座としては望外の成果と思います。

設計技術シリーズ

電力品質問題と対策／解決法
高調波実践講座

2015年2月23日　初版発行

著　者　　能見　和司　　　　　　　　　　　©2015

発行者　　松塚　晃医

発行所　　科学情報出版株式会社
　　　　　〒300-2622　茨城県つくば市要443-14 研究学園
　　　　　電話　029-877-0022
　　　　　http://www.it-book.co.jp/

ISBN 978-4-904774-32-8　C2054
※転写・転載・電子化は厳禁